机电专业“十三五”规划教

电子 CAD 项目化教程

（Protel DXP 2004）

主　编　许艳华　王俊豪　史岳鹏
副主编　高艳强　马斋爱拜　王　晓　吴晓星
主　审　马建民　宁玉伟

哈爾濱工程大學出版社
Harbin Engineering University Press

内 容 简 介

本书是根据多年企业工作实践和从事高职高专教学的实践、教学改革将“电子 CAD”课程采用项目化教学，融“教—学—做”为一体编写而成的，详细讲解 Protel DXP 2004 软件中原理图设计和印制电路板设计两部分内容。本书内容包括 Protel DXP 2004 系统综述，原理图设计部分，原理图的层次设计方法，印制电路板设计部分。本书结构合理、层次清楚、内容翔实，并附有习题。

本书既可作为应用型本科、职业院校电子类、电气类、计算机类、自动化类以及机电一体化类专业的 CAD 教材，也可作为广大电子产品设计工程技术人员和电子制作爱好者的参考用书。

图书在版编目（CIP）数据

电子 CAD 项目化教程 ：Protel DXP 2004 / 许艳华，王俊豪，史岳鹏主编. -- 哈尔滨 ：哈尔滨工程大学出版社，2018.12（2023.8 重印）

ISBN 978-7-5661-2185-1

Ⅰ. ①电… Ⅱ. ①许… ②王… ③史… Ⅲ. ①印刷电路－计算机辅助设计－应用软件－高等学校－教材 Ⅳ. ①TN410.2

中国版本图书馆 CIP 数据核字（2018）第 295587 号

选题策划 章银武
责任编辑 张 彦
封面设计 赵俊红

出版发行 哈尔滨工程大学出版社
社　　址 哈尔滨市南岗区南通大街 145 号
邮政编码 150001
发行电话 0451—82519328
传　　真 0451—82519699
经　　销 新华书店
印　　刷 玖龙（天津）印刷有限公司
开　　本 787 mm×1 092 mm　1/16
印　　张 13
字　　数 332 千字
版　　次 2018 年 12 月第 1 版
印　　次 2023 年 8 月第 2 次印刷
定　　价 38.00 元
http：//www.hrbeupress.com
E-mail：heupress@hrbeu.edu.cn

前　言

为贯彻国务院《关于大力发展职业教育的决定》精神，根据“以学生为主体，以能力为本位，以就业为导向”的指导思想，本书组织了既有企业生产经验，又有丰富教学经验的教师联合编写了《电子 CAD 项目化教程（Protel DXP 2004）》一书。

本书是作者根据多年企业工作实践和从事高职高专教学的实践、教学改革将“电子 CAD”课程采用项目化教学，融“教—学—做”为一体编写而成的，详细讲解了 Protel DXP 2004 软件中原理图设计和印制电路板设计两部分内容。

Protel DXP 2004 是 Altium 公司的桌面板级电路设计系统，它集原理图设计输入、PCB 设计绘制、模拟电路仿真、数字电路仿真、VHDL 混合输入、FPGA 设计、信号完整性分析等诸多功能于一体，是非常优秀的 EDA 软件。

本书包括 10 个项目，分别为初识 Protel DXP 2004 SP2、双闪灯电路原理图绘制、手机电池充电器电路原理图绘制、74LS 系列元件的设计、层次原理图设计、印制电路板设计基础、稳压电源 PCB 板设计、数码管封装库设计、信号发生器的 PCB 板设计和单片机最小系统的 PCB 板设计。本书结构合理、图文并茂、层次清楚、内容翔实。

本书由许昌职业技术学院的许艳华、王俊豪和河南牧业经济学院的史岳鹏担任主编，由许昌职业技术学院的高艳强、马斋爱拜、王晓和吴晓星担任副主编。其中，许艳华编写了项目 6 和项目 7，王俊豪编写了项目 3 和项目 2，史岳鹏编写了项目 10，高艳强编写了项目 1、项目 9 和附录 C，马斋爱拜编写了项目 4、项目 8 和附录 D，王晓编写了项目 5 和附录 A、附录 B、附录 E。本书由许艳华负责全书的统稿以及编写组织工作，许昌职业技术学院的马建民副教授和宁玉伟教授担任主审工作，在百忙之中审阅全书书稿并提出了许多宝贵的意见和建议；同时本书还得到了许昌雷鸣电子科技有限公司提供的很大帮助，吴晓星总工、刘金峰总经理对本书的编写工作提出了很多宝贵的意见，谨在此表示衷心地感谢。本书相关资料可扫封底二维码或登录 www.bjzzwh.com 下载获得。

本书既可作为应用型本科、职业院校电气类、电子信息类、计算机类等专业的教材，也可作为 Protel DXP 2004 的初学者、从事电子线路设计的科技人员的参考书。

本书在编写过程中，难免有疏漏和不当之处，敬请各位专家及读者不吝赐教。

编　者

目 录

项目 1　初识 Protel DXP 2004 SP2

1.1　项目分析

EDA 电路设计自动化（Electronic Design Automation）指的就是将电路设计中各种工作交由计算机来协助完成。如电路图（Schematic）的绘制，印刷电路板（PCB）文件的制作执行电路仿真（Simulation）等设计工作。随着电子工业的发展，大规模、超大规模集成电路的使用使电路板走线愈加精密和复杂。电子线路 CAD 软件产生了，Protel 是突出的代表，它操作简单、易学易用、功能强大。

1.2　项目要求与能力目标

【项目要求】

- 了解 Protel DXP 的发展历史与特点；
- 掌握 Protel DXP 2004 软件的安装与卸载方法；
- 掌握 Protel DXP 2004 软件的激活方法；
- 掌握 Protel DXP 2004 软件的汉化方法。

【能力目标】

通过“初识 Protel DXP 2004 SP2”的学习，可以培养以下能力。

- 能说出 Protel DXP 的发展历史与特点；
- 会安装与卸载 Protel DXP 2004 软件；
- 会激活 Protel DXP 2004 软件；
- 会汉化 Protel DXP 2004 软件。

1.3 项目准备

1.3.1 Protel 的产生及发展

Protel 国际有限公司由 Nick Martin 于 1985 年始创于澳大利亚塔斯马尼亚州霍巴特，致力于开发基于 PC 的软件，为印刷电路板提供辅助设计。Protel 的发展历程如下。

1985 年，诞生 DOS 版 Protel。

1991 年，Protel for Widows。

1998 年，Protel 98 这个 32 位产品是第一个包含 5 个核心模块的 EDA 工具。

1999 年，Protel 99 既有原理图的逻辑功能验证的混合信号仿真，又有了 PCB 信号完整性分析的板级仿真，构成从电路设计到真实板分析的完整体系。

2000 年，Protel 99se 性能进一步提高，可以对设计过程有更大控制力。

Protel 国际有限公司于 2001 年变更为 Altium 公司；2002 年 Protel DXP 集成了更多工具，使用方便，功能更强大。

2004 年，Altium 公司推出 Protel DXP 2004 SP2 版本（以下简称 Protel DXP 2004），对 Protel DXP 进一步完善。

2006 年，Altium 公司推出 Altium Designer 6.0，至今已经发展到 Altium Designer 18。

1.3.2 Protel 的主要功能和特点

Protel DXP 在前一版本 Protel 99 SE 的基础上增加了许多新的功能。新的可定制设计环境功能包括双显示器支持，可固定、浮动以及弹出面板，强大的过滤和对象定位功能及增强的用户界面等。新的项目管理和设计合成功能包括项目级双向同步、强大的项目级设计验证和调试、强大的错误检查功能、文件对比功能等。新的设计输入功能包括电路图和 FPGA 应用程序的设计输入，为 Xilinx 和 Altera 设备族提供完全的巨集和基元库，直接从电路图产生 EDIF 文件、电路图信号、PCB 轨迹、Spice 模型和信号集成模型等元器件集成库。新的工程分析与验证功能包括同时可显示 4 个所测得图像的集成波形观察仪，在板卡最终设计和布线完成之前可从源电路图上运行初步阻抗和反应模拟等。新的输出设置和发生功能包括输出文件的项目级定义、制造文件（Fabrication files），包括 Gerber、Nc Drill、ODB++和输入输出到 ODB++或 Gerber 等。

Protel DXP 是将所有设计工具集成于一身的板级设计系统，电子设计者从最初的项目模块规划到最终形成生产数据都可以按照自己的设计方式实现。Protel DXP 运行在优化的设计浏览器平台上，并且具备当今所有先进的设计特点，能够处理各种复杂的 PCB 设计过程。通过设计输入仿真、PCB 绘制编辑、拓扑自动布线、信号完整性分析和设计输出等技术的融合，Protel DXP 提供了全面的设计解决方案。

Protel DXP 的强大功能大大提高了电路板设计、制作的效率。Protel DXP 具有“方便、易学、实用、快速”的特点，以及其友好的 Windows 风格界面，使其成为广大电子线路设计者首选的计算机辅助电路板设计软件。

1.3.3　Protel DXP 2004 的运行环境

为了充分发挥 Protel DXP 2004 的设计功能，Altium 公司对运行 Protel DXP 2004 的计算机系统给出了具体的配置要求，如表 1-1 所示。该表所列配置为 Protel DXP 2004 正常运行所需的基本配置，无法达到该基本配置要求则会影响软件功能的充分发挥，如果条件允许最好达到该表的推荐配置或在此之上。

表 1-1　运行 Protel DXP 2004 的硬件环境

类别	基本配置	推荐配置
操作系统	Windows 2000 专业版	Windows XP 专业版或家庭版
处理器	Pentium（R）4， 2.6 GHz	Pentium（R）Dual-Core， 3.00GHz
内存	1 GB	2 GB
硬盘容量	2 GB	40 GB
显示器	1 024×768 屏幕分辨率，32 位彩色	LCD，19 寸
显卡	显存 322 MB	显存 1 GB

1.4　项目实施

1.4.1　Protel DXP 2004 SP2 的安装

Protel DXP 2004 SP2 的安装过程与其他 Windows 应用软件类似，其具体步骤如下。

步骤 1： 打开 Protel DXP 2004 SP2 源文件（又称“安装文件”）所在的文件夹，打开“Setup”的文件夹。

步骤 2： 用鼠标右键单击“Setup.exe”文件，如图 1-1 所示。

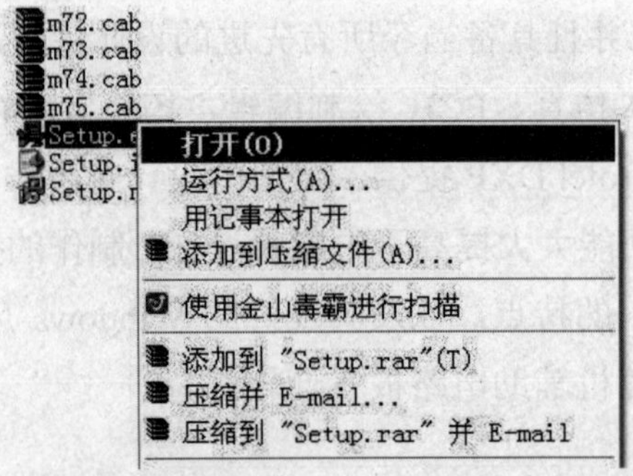

图 1-1 “右击”运行安装程序

步骤 3： 选择“打开”命令，完成安装程序的启动，如图 1-2 所示。

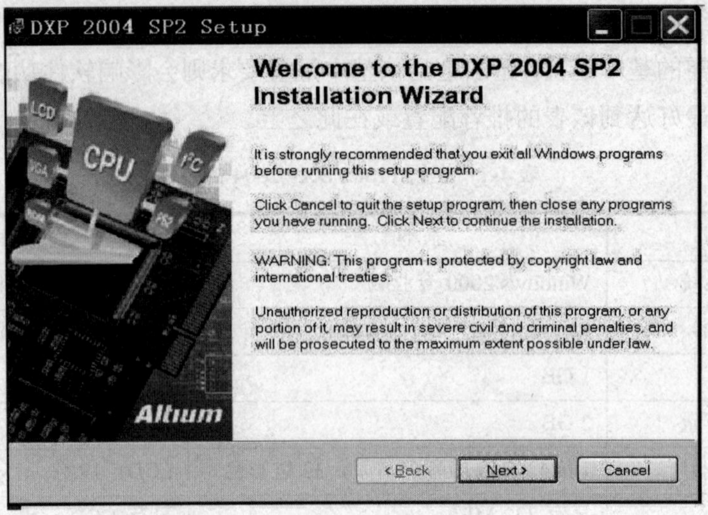

图 1-2 安装向导程序

操作提示： 双击“Setup.exe”文件，也可以启动 Protel DXP 2004 SP2 安装程序。

步骤 4： 单击“Next”按钮，出现如图 1-3 所示的授权窗口。该窗口给出了 Protel DXP 2004 SP2 版本的授权信息。单击“I accept the license agreement”单选按钮，接受授权协议。

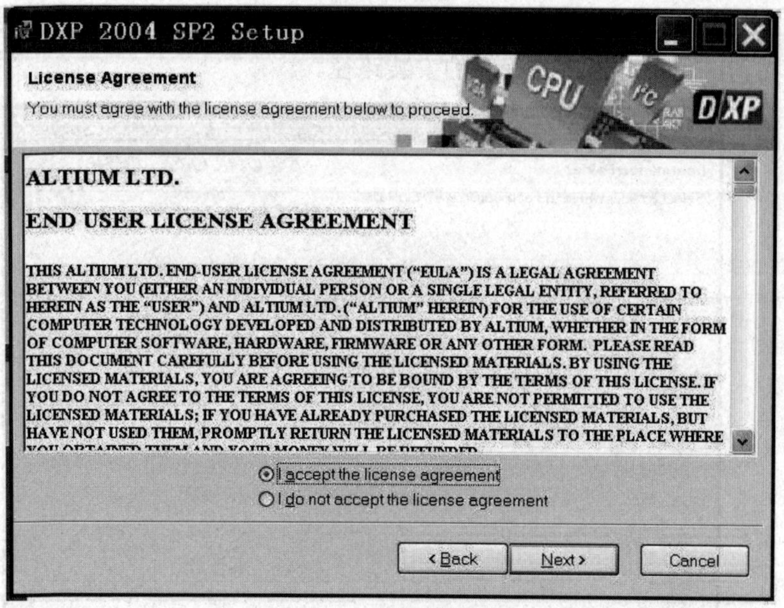

图 1-3　授权协议窗口

步骤 5： 单击“Next”按钮，弹出如图 1-4 所示的用户信息输入及使用权限设置窗口。在【Full Name】和【Organization】文本框中分别输入用户名和机构名称，并在下面的单选按钮中设置 Protel DXP 2004 SP2 程序的使用权限。

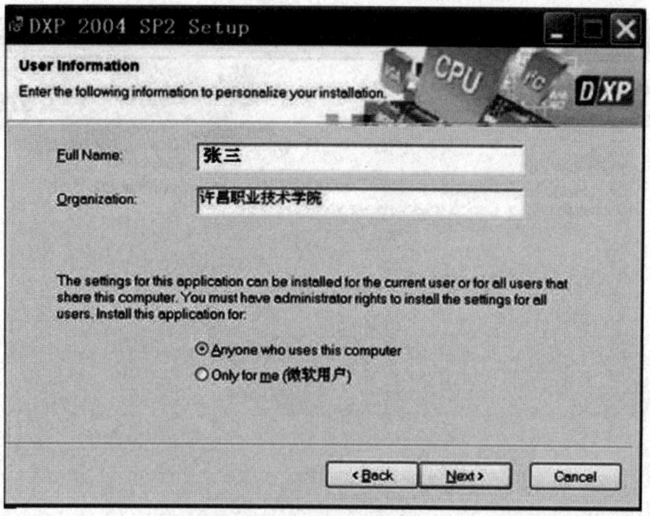

图 1-4　用户信息输入及使用权限设置窗口

步骤 6： 单击“Next”按钮，弹出如图 1-5 所示的安装路径设置窗口。程序默认的安装路径是“C:\Program Files\ Altium2004 SP2\”，当然用户也可自定义安装路径：单击“Browse”按钮既可以重新选择程序的安装路径。

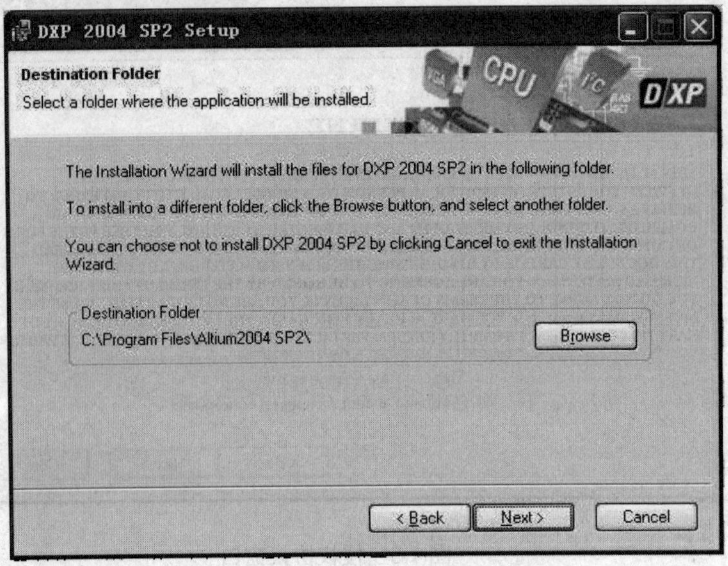

图 1-5　安装路径设置窗口

步骤 7: 单击“Next”按钮，弹出如图 1-6 所示的主程序安装准备窗口，提示主 Protel DXP 2004 SP2 程序即将按照默认路径或重新指定的路径进行安装。

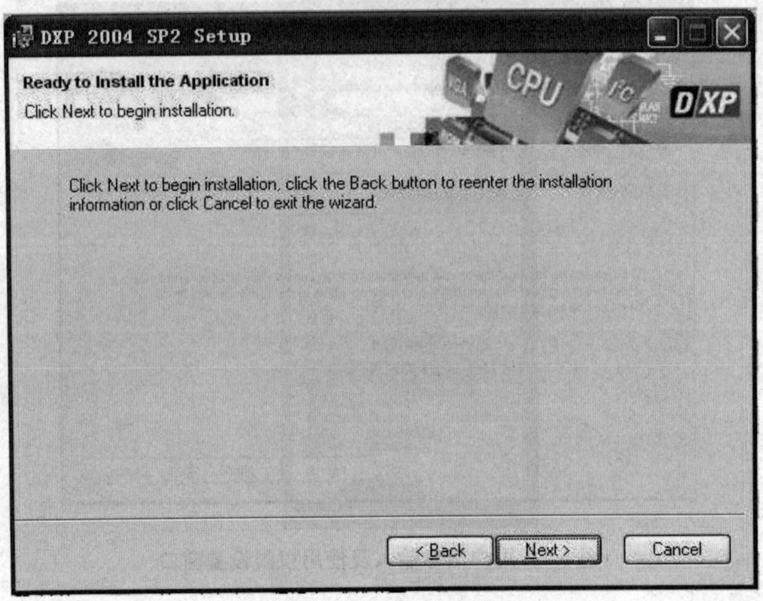

图 1-6　主程序安装准备

步骤 8： 单击“Next”按钮，弹出主程序安装进度窗口，进度条显示的是 Protel DXP 2004 SP2 主程序的安装进度，如图 1-7 所示。

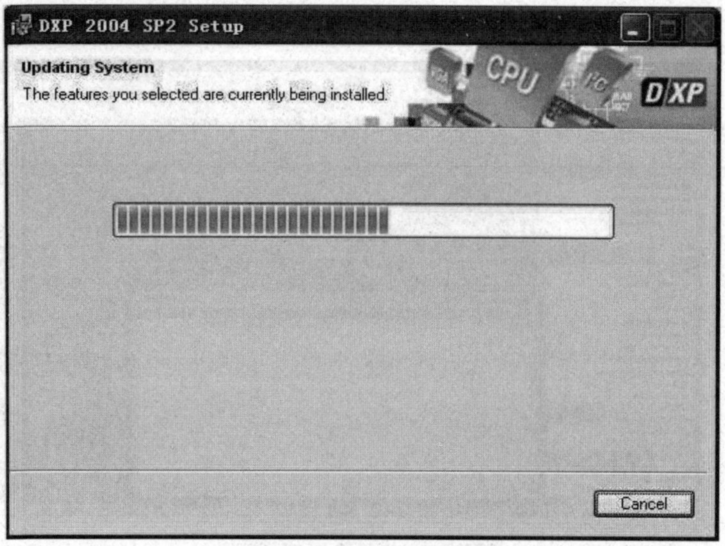

图 1-7　主程序安装进度

步骤 9： 安装时间与计算机的硬件配置有关，一般需要几分钟的时间即可安装完成。安装完成便会自动弹出的主程序安装完成窗口，如图 1-8 所示。单击“Finish”按钮，即可完成对 Protel DXP 2004 SP2 主程序的安装。

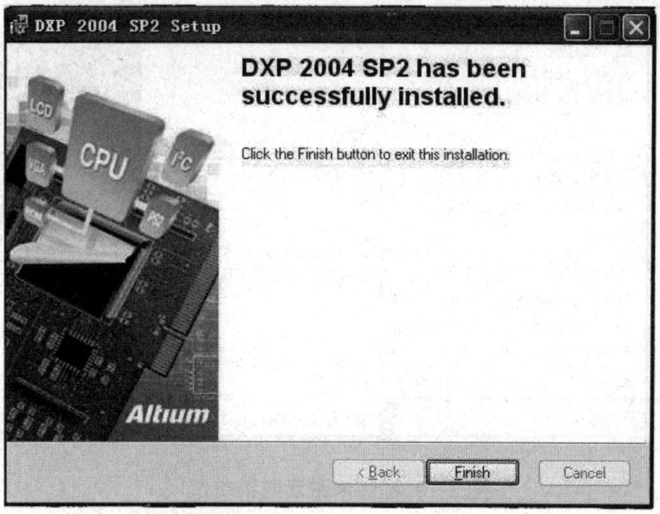

图 1-8　主程序安装完成

1.4.2 Protel DXP 2004 SP2 软件激活

如果不添加用户许可协议，即使在 Protel DXP 2004 SP2 安装完成后也无法正常使用。通常，启动软件后，就会看到未激活提示，如图 1-9 所示。

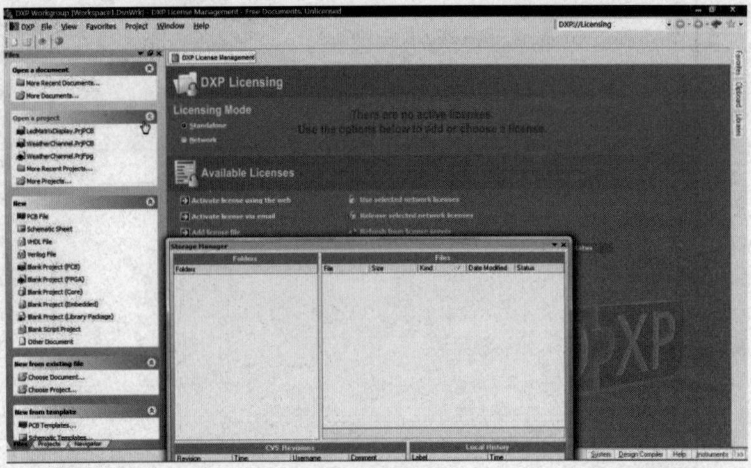

图 1-9 软件未激活提示

此时，打开 Protel DXP 2004 SP2 的菜单就会发现许多选项为灰色，即无法使用，如图 1-10 所示。

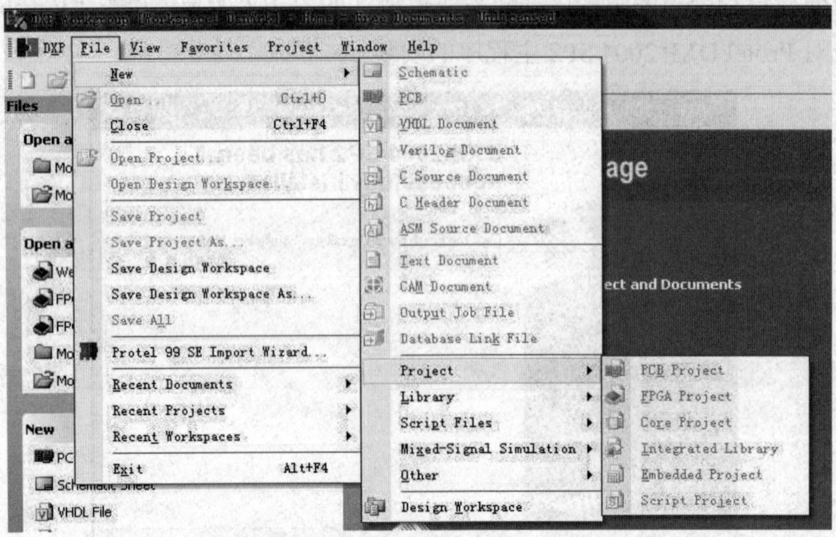

图 1-10 程序未激活时菜单选项

如要正常使用软件，须添加用户许可协议软件进行激活操作。激活步骤如下。

步骤 1：在源文件夹中打开名为“KeyGen.v1.3”的文件夹，运行程序“Altium DXP

2004 SP2 KeyGen.exe”，便会弹出激活软件程序操作界面对话框，如图 1-11 所示。

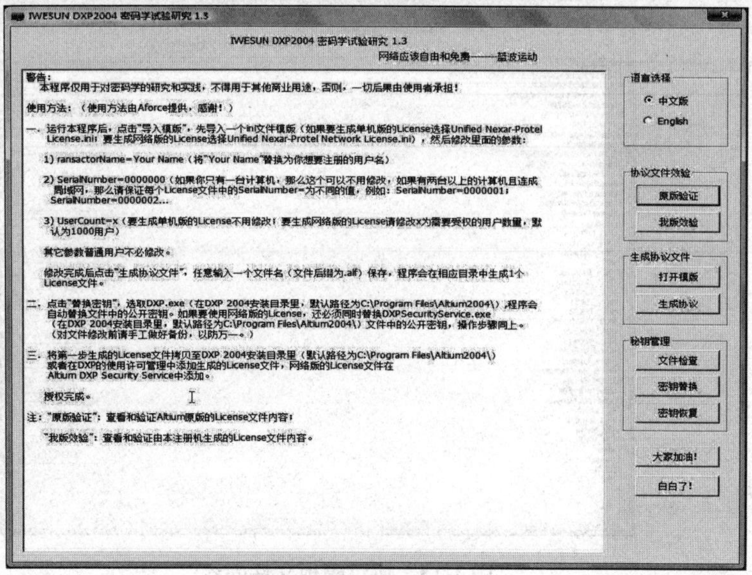

图 1-11　软件激活操作对话框

步骤 2：单击“打开模板”按钮，弹出打开模板文件对话框，如图 1-12 所示。在对话框中选择名为“Unified Nexar-Protel License.ini”的文件以导入单机版的 License 文件模板，即“许可协议”模板。

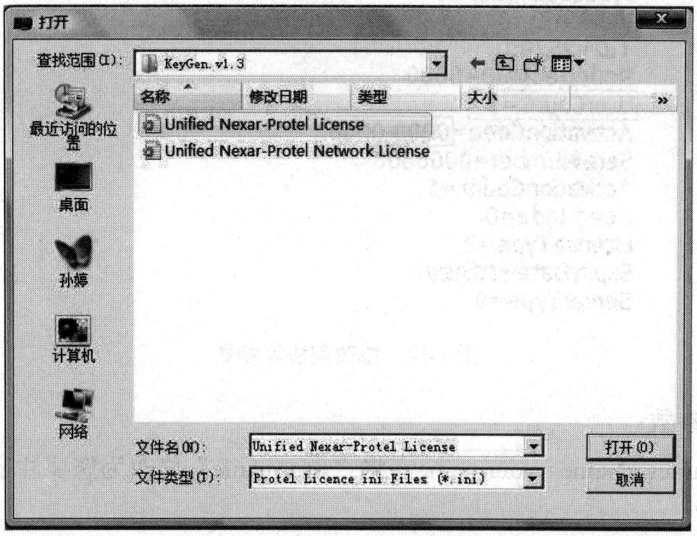

图 1-12　打开模板文件对话框

步骤 3：选中“Unified Nexar-Protel License.ini”文件后，在图 1-12 中打开模板文

件对话框的右下角，单击“打开”按钮，弹出协议模板文件内容窗口，如图 1-13 所示。

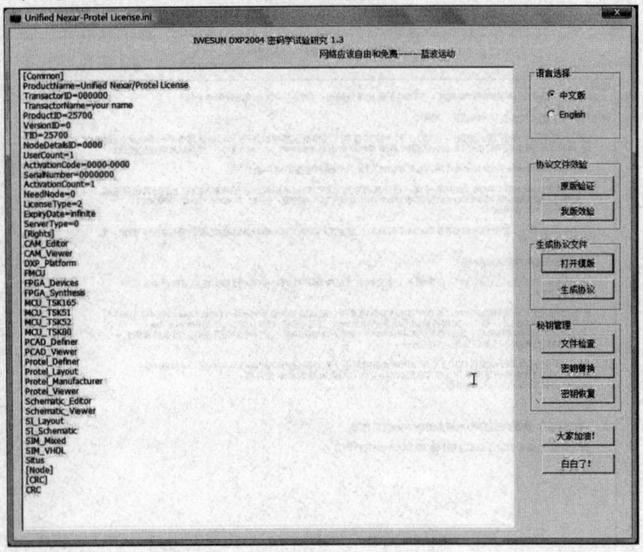

图 1-13　协议模板文件内容

参数修改前部分协议内容如图 1-14 所示。

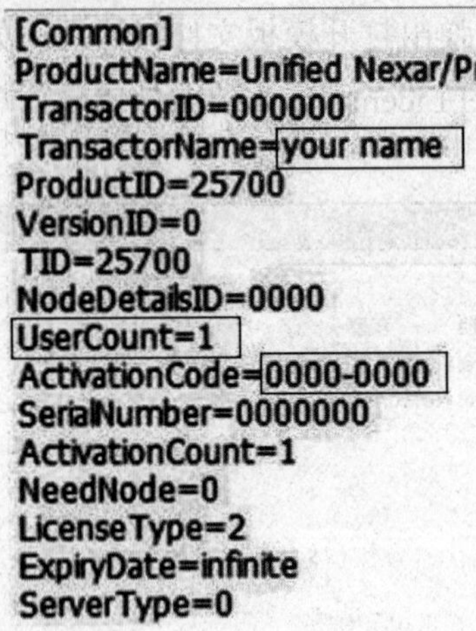

```
[Common]
ProductName=Unified Nexar/Protel License
TransactorID=000000
TransactorName=your name
ProductID=25700
VersionID=0
TID=25700
NodeDetailsID=0000
UserCount=1
ActivationCode=0000-0000
SerialNumber=0000000
ActivationCount=1
NeedNode=0
LicenseType=2
ExpiryDate=infinite
ServerType=0
```

图 1-14　修改前协议参数

修改相关参数：

（1）TransactorName= your name，将“your name”修改为您要注册的用户名，例如改为“张三”。

（2）UserCount=1，用户数量值。单机版的 License 无需修改该值，本文即为单机版 License；如果软件 Protel DXP 2004 SP2 仅在一台计算机上运行，那么该参数无需修改；如果要生成网络版的 License，则需要修改该值为要授权的用户数量，默认为 1 000。

（3）SerialNumber=0000000，如果软件 Protel DXP 2004 SP2 仅在一台计算机上运行，那么该参数无需修改；如果有两台以上的计算机构成局域网，则要保证每台计算机上 License 文件中的“SerialNumber”值为不同的值。例如：SerialNumber=0000001，SerialNumber= 0000002，……

普通用户无需修改其他参数，参数修改后的文件内容如图 1-15 所示。

```
[Common]
ProductName=Unified Nexar/Protel License
TransactorID=000000
TransactorName= 张三
ProductID=25700
VersionID=0
TID=25700
NodeDetailsID=0000
UserCount=1
ActivationCode=0000-0000
SerialNumber=0000001
ActivationCount=1
NeedNode=0
LicenseType=2
ExpiryDate=infinite
ServerType=0
```

图 1-15　修改后协议参数

步骤 4：设置完必要的参数之后，单击图 1-13 中的“生成协议”按钮，弹出“另存为”对话框，如图 1-16 所示。在“文件名”后面的文本框内输入“License.alf”作为文件名，在图 1-16 的“保存在（I）：”列表框中选择软件 Protel DXP 2004 SP2 的安装目录（默认的安装路径是“C:\Program Files\ Altium2004 SP2\”）。

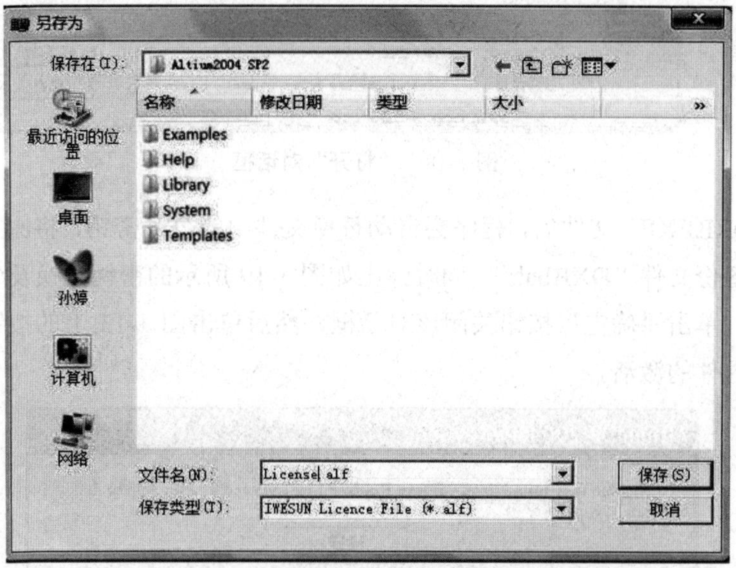

图 1-16　保存协议文件对话框

步骤 5： 单击“保存”按钮，安装程序就会在相应目录生成一个用户许可协议文件，并弹出协议文件成功生成提示框，如图 1-17 所示。单击“确定”按钮关闭提示框。

图 1-17　协议文件成功生成提示框

步骤 6： 在图 1-13 中，单击“密钥替换”按钮，弹出“打开”对话框，如图 1-18 所示。选取并打开名为“DXP.EXE”的文件（DXP.EXE 文件存放于 DXP 2004 安装目录下，默认路径为 C：\Program Files\Altium2004 SP2\）。

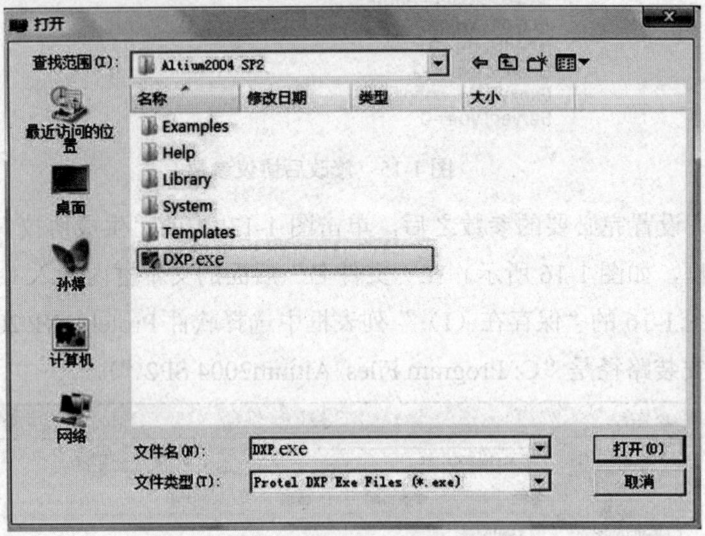

图 1-18　“打开”对话框

打开“DXP.EXE”文件后，程序会自动替换文件中的公开密钥，将原“DXP.EXE”文件存储为备份文件“DXP.bak”，同时弹出如图 1-19 所示的密钥替换及备份文件创建成功对话框，单击“确定”按钮关闭该对话框，然后单击图 1-13 上的按钮结束协议文件的添加及软件的激活。

图 1-19　密钥替换及备份文件创建成功对话框

软件 Protel DXP 2004 SP2 已成功激活，再次启动 Protel DXP 2004 SP2 软件后便可以正常使用了。

1.4.3　Protel DXP 2004 SP2 软件卸载

软件 Protel DXP 2004 SP2 的卸载与大多数的 Windows 应用程序相同，只是该软件并无自带的卸载引擎，无法从计算机的【开始】程序菜单中直接卸载，需要在【控制面板】的程序列表中进行卸载。主要卸载步骤如下。

步骤 1：点击“开始”→“控制面板”→“添加/删除程序”选项，打开“添加或删除程序”窗口，如图 1-20 所示。

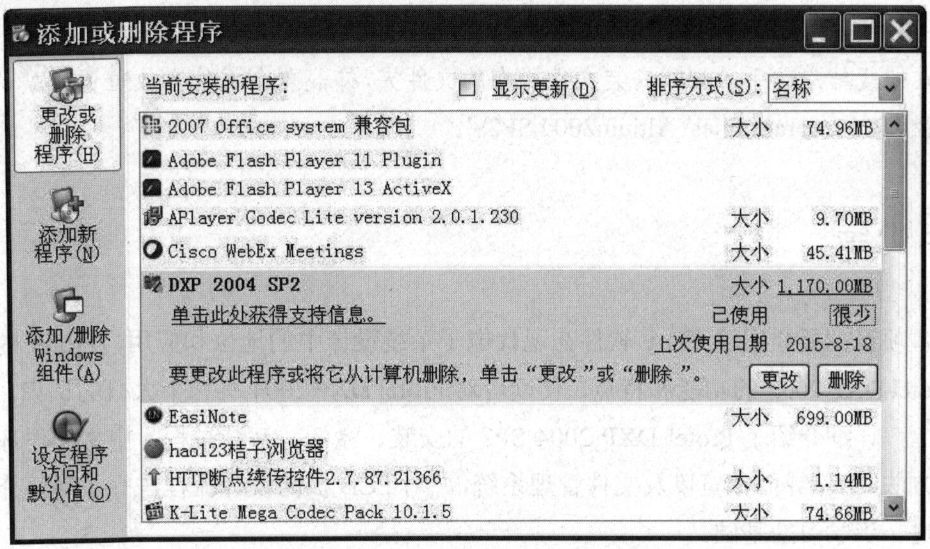

图 1-20　添加或删除程序窗口

步骤 2：选择 Protel DXP 2004 SP2 软件在列表中的名字“DXP 2004 SP2”，然后单击“删除”按钮，弹出如图 1-21 所示的“添加或删除程序”确认对话框。

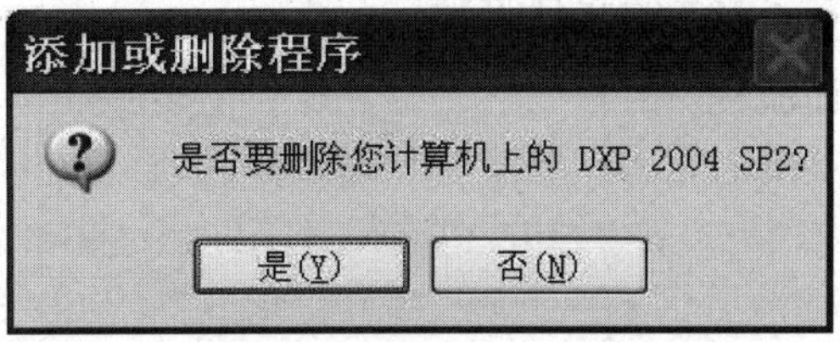

图 1-21　删除程序确认窗口

步骤 3：单击“是”按钮，确认要卸载 Protel DXP 2004 SP2 程序后，就会弹出卸载进度窗口，如图 1-22 所示。一般会在数分钟内卸载完成，但是具体卸载时间与计算机配置有关。

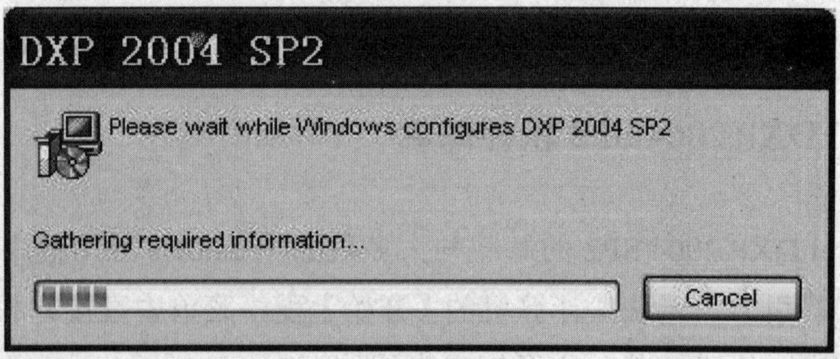

图 1-22　卸载进度窗口

操作提示：同其他很多 Windows 应用程序一样，如此卸载也无法把 Protel DXP 2004 SP2 程序完全卸载干净，依然会影响下次 Protel DXP 2004 SP2 程序的重新安装，所以最好在卸载结束后手动删除安装文件所在的文件夹，卸载剩余文件存放位置即默认的安装路径“C:\Program Files\ Altium2004 SP2\”。

项目小结

本项目主要介绍了 EDA 软件在现代电子系统设计中的地位和应用，Protel 的发展及 Protel DXP 2004 的功能和特点，使读者对 Protel DXP 2004 有一个大概的认识。在此基础上，详细介绍了 Protel DXP 2004 SP2 的安装、激活、卸装过程，中文操作环境的设置方法、工作界面预览以及文件管理系统，并对 PCB 板的设计流程进行了简要介绍，作为进一步学习的基础。

通过本章学习，读者应掌握以下知识点。

（1）Protel DXP 2004 SP2 的安装与卸载。

（2）Protel DXP 2004 SP2 的激活与中文工作环境的设置。

（3）Protel DXP 2004 SP2 的文件管理。

（4）PCB 板的设计流程。

项目练习

1. 填空题

（1）Protel DXP 是一款____________ 设计软件。

（2）常见的 Protel DXP 启动方法有________、_________、_________。

（3）原理图设计系统生成_________文件，PCB 设计系统生成_________文件。

2. 选择题

（1）Protel DXP 的组成有（　　）。

A．CPLD/FPGA　　B．Simulate　　C．Schematic　　D．PCB

（2）Protel DXP 的面板显示方式有（　　）。

A．自动隐藏　　B．锁定显示　　C．任意显示　　D．浮动显示

（3）主窗口的标签分布在（　　）。

A．上边　　B．下边　　C．左边　　D．右边

（4）个性化设置可以用来修改（　　）。

A．系统菜单　　B．窗口　　C．工具栏　　D．快捷键

3. 判断题

（1）通过 Protel DXP 的主窗口可以新建一张原理图，但不能新建一个项目。（　　）

（2）启动 Protel DXP 的方法可以有多种。（　　）

（3）Protel DXP 的各种显示方式不可以任意切换。（　　）

（4）Protel DXP 工作区四周的标签不能交换位置。（　　）

4. 简答题

（1）Protel DXP 主要由几大部分组成？

（2）Protel DXP 有多少板层可供设计？

（3）根据本教材上机指导方法可以汉化 Protel DXP 的所有子菜单吗？

（4）安装 Protel DXP 软件要更改那些设置？

5. 拓展练习

（1）上机练习 Protel DXP 2004 SP2 的安装与激活。

（2）上机练习 Protel DXP 2004 SP2 的启动及中英文工作界面的切换。

（3）练习建立一个 PCB 项目，并在该项目中创建一个原理图文件和一个 PCB 文件，并将所有文件保存到用户工作目录中。

项目 2　双闪灯电路原理图绘制

2.1　项目分析

多谐振荡器双闪灯电路，来源于汽车的双闪灯电路，是经典的互推互挽电路，通电后 LED1 和 LED2 交替闪烁，也就是两个发光二极管轮流导通。该电路是一个典型的自激多谐振荡电路，电路设计简单、易懂、趣味性强，特别适合初学者练习。双闪灯效果图如图 2-1 所示，双闪灯电路图如图 2-2 所示。

图 2-1　双闪灯效果图

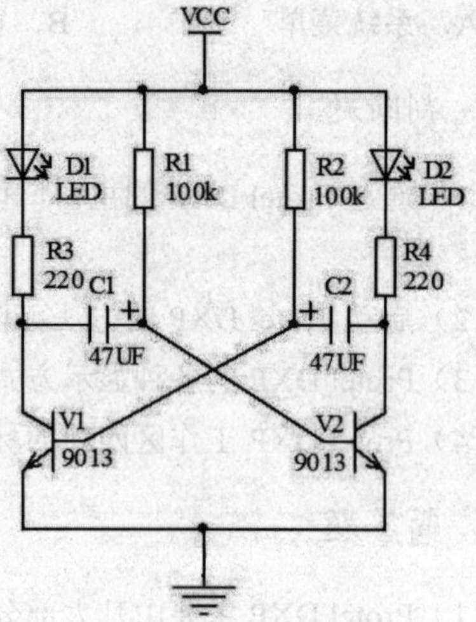

图 2-2　双闪灯电路图

2.2　项目要求与能力目标

【项目要求】

原理图文件保存在电脑硬盘“作业”文件夹里，名字为：双闪灯电路.SCHDOC。

【能力目标】

通过完成“双闪灯电路原理图绘制”的任务，可以培养以下能力。

➢　能绘制简单的电路原理图；

- 熟悉原理图编辑环境；
- 能熟练使用原理图常用编辑工具。

2.3　项目准备

2.3.1　启动 Protel DXP 2004

Protel DXP 2004 启动后，系统出现启动画面，几秒钟后系统进入程序主页面，如图 2-3 所示。

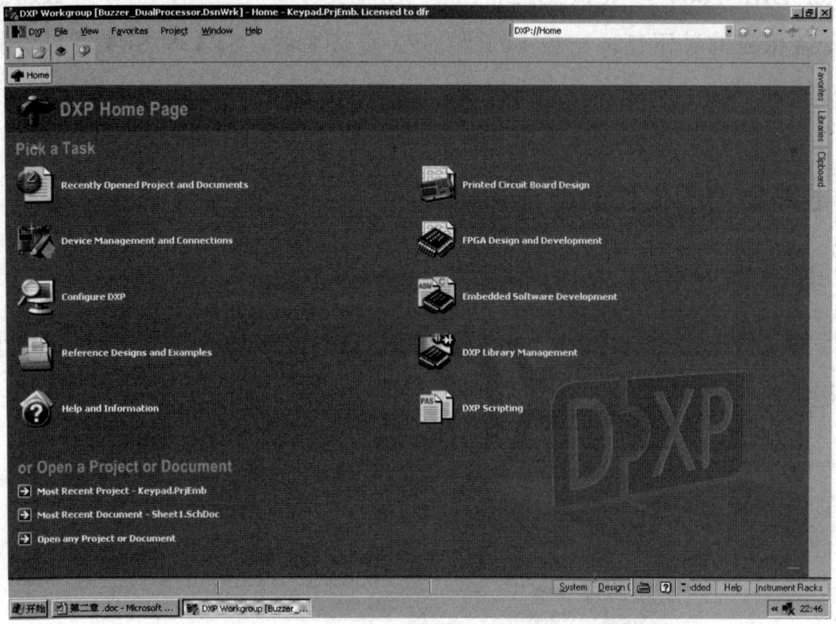

图 2-3　Protel DXP 2004 主页面

启动 Protel DXP 2004 一般有 3 种方法。

方法一：用鼠标双击 Windows 桌面的"Protel DXP 2004"快捷方式图标，进入 Protel DXP 2004。

方法二：执行"开始"→"程序"→Altium→Protel DXP 2004。

方法三：执行"开始"→Protel DXP 2004。

【知识链接】Protel DXP 2004 的汉化

Protel DXP 2004 支持中文语言的界面菜单显示，但是在汉化之前应该先安装 Protel

DXP 2004 的升级补丁 Service Packet 2（SP2）。该补丁可以从网络中搜索并下载。

安装了 SP2 后，打开 Protel DXP 2004，单击界面左上角的 DXP 系统配置菜单，选择弹出的 Preferences 选项。

在弹出的系统属性对话框中，选择 General 项，然后选中右下角的 Use Localized（resource）复选框，在分别选中 Display Localized dialogs 单选按钮和 Localized Menus 复选框。

选择完毕，单击 Apply 和 OK 按钮即可。当下次启动 Protel 时，你会看到菜单和对话框大都进行了汉化。针对大多数读者的实际需要，本书就是对汉化版进行讲解的。

Protel DXP 2004 有 SP1、SP2、SP3、SP4 共 4 个补丁包，用户可以根据自己的需要选择安装相应的补丁包，一般 SP1 和 SP2 是必要的，SP3 和 SP4 可以选择安装，安装了相应的补丁后，界面会有点小区别。本书主要是针对 SP2 版本编写的。

2.3.2　电路原理图文件的新建和保存

1. 新建 PCB 项目

执行“文件”菜单，选择“创建”，然后选择“项目”子菜单下的“PCB 项目”，如图 2-4 所示。

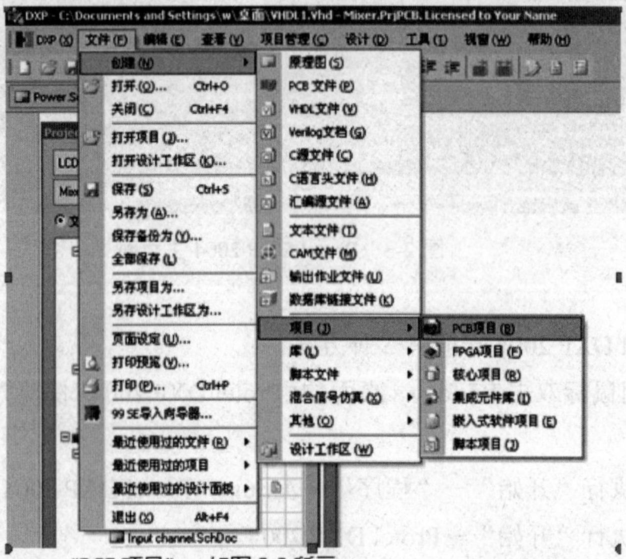

图 2-4　新建项目

2. 新建原理图设计文件

执行“文件”菜单，选择“创建”，然后选择“原理图”。新建了一个名为“sheet1.schdoc”的原理图设计文件，显示在 PCB 项目“PCB_Project1.PrjPCB”的下方，如图 2-5 所示。

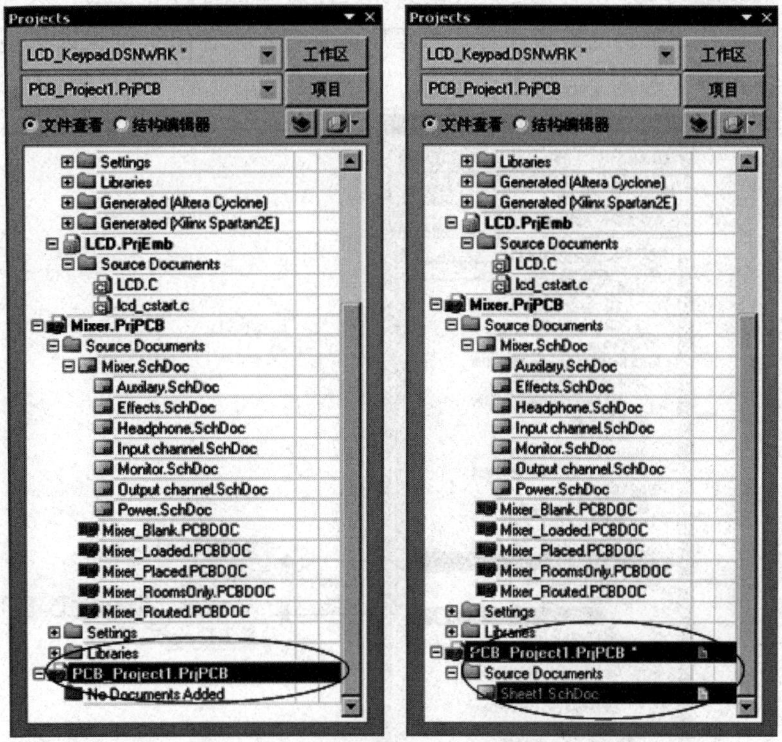

图 2-5　新建项目和原理图文件

3. 保存原理图设计文件

执行“文件”，选择“保存”，在弹出的对话框中，将原理图设计文件保存为“模拟放大器电路图.schdoc”。

4. 保存设计项目

执行“文件”菜单，选择“另存项目为…”，在弹出的对话框中，将项目保存为“模拟放大器.PrjPCB”。

保存后文件面板中的文件名也同步更新为“模拟放大器电路图.schdoc”，右边的空白图纸就是 Protel DXP 2004 的原理图绘制的工作区域。

如果需要向指定的设计项目中添加原理图设计文件，也可以在文件工作面板中的设计项目名上，单击右键，选择快捷菜单中的“追加新文件到项目中”，然后选择“schematic”。

采用这样的方法也可以向设计项目中添加其他类型的文件。

【知识链接】Protel DXP 2004 中文件的组织形式

在 Protel DXP 2004 中，是以项目设计文件为单位进行管理的，设计项目可以包含电路原理图文件、印制电路板文件、源程序文件等。该种组织结构以树型的形式显示在文件工作面板中，如图 2-6 所示。

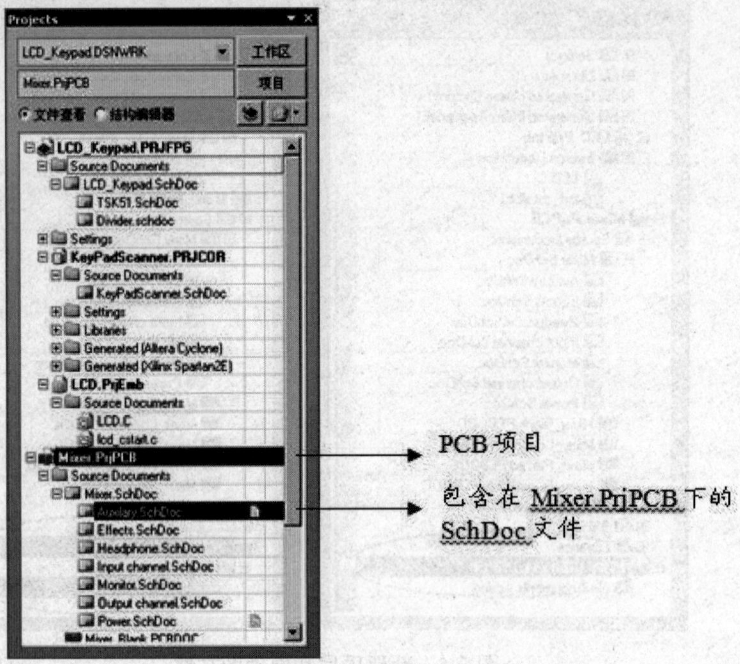

图 2-6　项目和文件的组织关系

常见项目类型有: PCB 项目(.PrjPCB)、FPGA 项目(.PrjFPG)、核心项目(.PrjCOR)、嵌入式软件项目（.PrjEmb）、集成元件库（.LibPkg）、脚本项目（.PrjScr）等。

常见文件类型有：原理图设计文件（.schdoc）、PCB 设计文件（.pcbdoc）、VHDL 文件（FPGA 设计文件，即.vhdl）等。

Protel DXP 2004 以项目设计文件为单位对这些存储在不同的地方的文件进行设计和管理。一个设计项目中可以包含若干个类型相同或不相同的设计文件，这些文件可以存储在不同的地方。

一般，用户在 Protel DXP 2004 中为每一个工程项目独立的建立一个文件夹，用来存放所有与项目有关的文件。

2.3.3　元件的查找和放置

1. 元件的查找和放置

首先开始查找电阻 RI、RF 和 RL，并将这三个电阻放置到图中合适的位置。

（1）执行“查看”/“显示整个文档”菜单命令，确认整个电路原理图纸显示在整个窗口中。该操作也可通过在图纸上单击右键，在弹出的快捷菜单中选择“查看”/“显示整个文档”进行。

（2）单击 Protel DXP 2004 窗口右侧的标签项“元件库”，打开“元件库”面板，如图 2-7 所示。该面板也可以通过菜单“查看”/“工作区面板”/“System”/“元件库”打开或关闭。

（3）从元件库面板上方的库列表下拉菜单中选择 Miscellaneous Devices.Intlib，使之成为当前元件库，同时该库中的所有元件显示在其下方的列表项中。从元件列表中找到电阻 RES3，单击选择电阻后，电阻将显示在面板的下方。如图 2-8 所示。

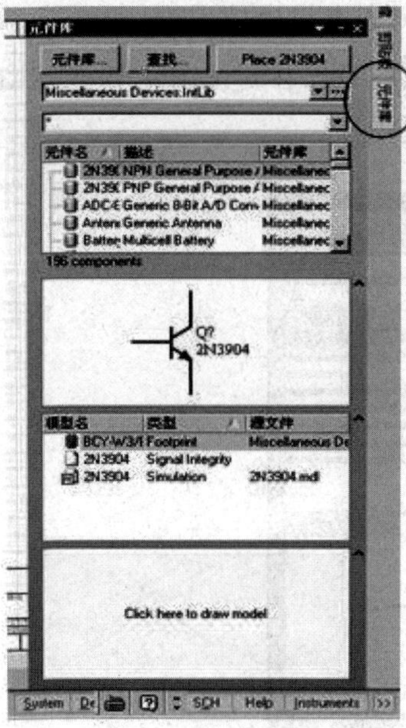

图 2-7 元件库面板

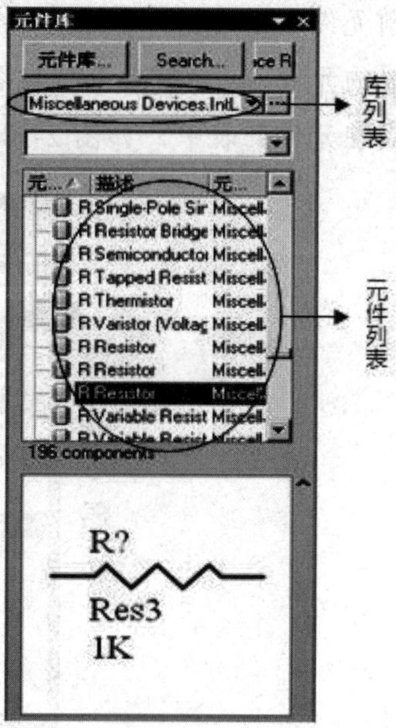

图 2-8 元件列表

（4）双击 RES3（或者单击选中 RES3，然后单击元件库面板上方的“Place RES3”按钮），移动鼠标到图纸上，在合适的位置单击鼠标左键，即可将元件 RES3 放下来。在放置器件的过程中，如果需要器件旋转方向，可以按空格键进行。每按一次空格键，元件旋转 90°。

如果需要连续放置多个相同的元件，可以在放置完毕一个元件后，单击左键连续放置，放置完毕后可以单击右键退出元件放置状态，或者按 ESC 键即可。

放置了 3 个电阻后的图纸如图 2-9 所示。

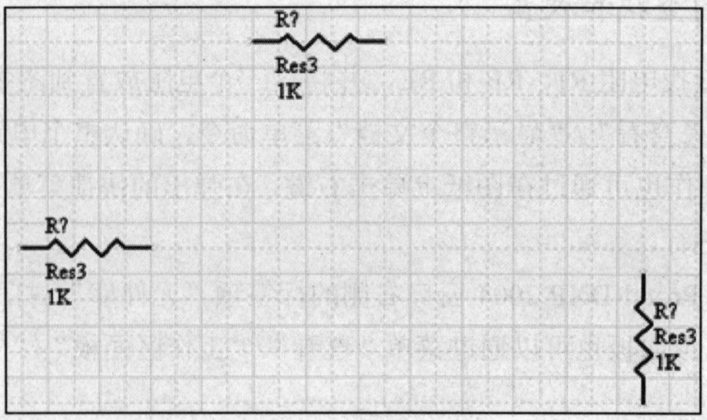

图 2-9　放置了 3 个电阻的图纸

【知识链接】过滤器的使用

如果当前元件库中的器件非常多，一个个浏览查找比较困难，那么可以使用过滤器快速定位需要的元件。比如需要查找电容，那么就可以在过滤器中输入 CAP，名为 CAP 的电容将呈现在元件列表中，如图 2-10 所示。

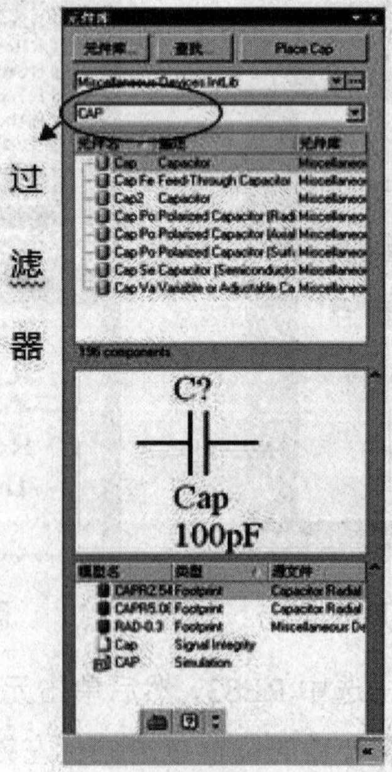

图 2-10　使用过滤器

如果只记得元件中是以字母 C 开头，则可以在过滤器中直接键入 “C*” 进行查找，

*表示任意个字符。如果记得元件的名字是以 CAP 开头，最后有一个字母不记得了，则可以在过滤器中键入“CAP？”，通配符“？”表示一个字符。

下面开始放置元件 UA741AD，在当前的元件库 Miscellaneous Devices.Intlib 的元件列表中发现该元件不存在。那么该到何处去查找该元件呢？

作为初学者，并不知道 UA741AD 存在于哪个元件库中，所以查找起来比较困难。这时可以单击元件库面板上方的“Search…”按钮，将弹出一个元件库查找对话框，如图 2-11 所示。在该对话框中输入要查找的元件的名字，这里输入当前要查找的元件名字“UA741AD”。

在对话框下的“查找类型”中选择“Components”，表示要查找的是普通的元器件；在“路径”中选择 Protel DXP 2004 的安装目录，如 C:\Program Files\Altium 2004；在“范围”中选择“路径中的库”，表示在前一步所设置的路径（如 C:\Program Files\Altium 2004）范围内进行查找，如果选择“可用元件库”项，则表示只在当前已经加载进来的元件库中进行查找，此种查找的范围比较小。如图 2-11 所示。

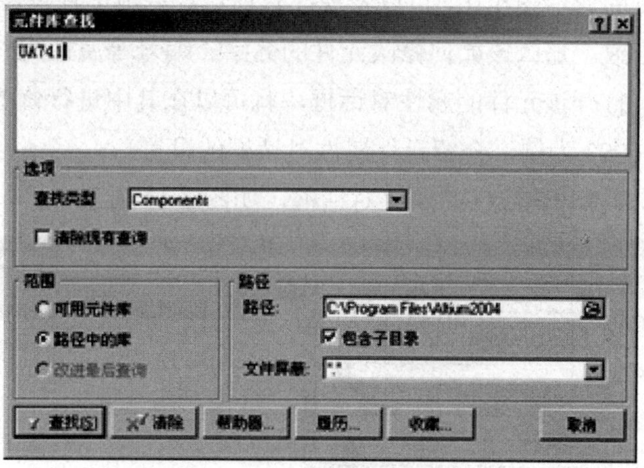

图 2-11　元件库查找对话框

设置完毕后，单击“查找…”按钮，开始查询。开始查询后，“Search…”按钮将变为“Stop”按钮，如果要停止查找，单击该按钮即可。

等待几秒后，将查找到所有元件名字包含“UA741AD”的元件，并显示在元件库面板中的“元件列表”中。双击元件 UA741AD，然后将鼠标移动到图纸上，即可将元件放在合适的位置。如图 2-12 所示。

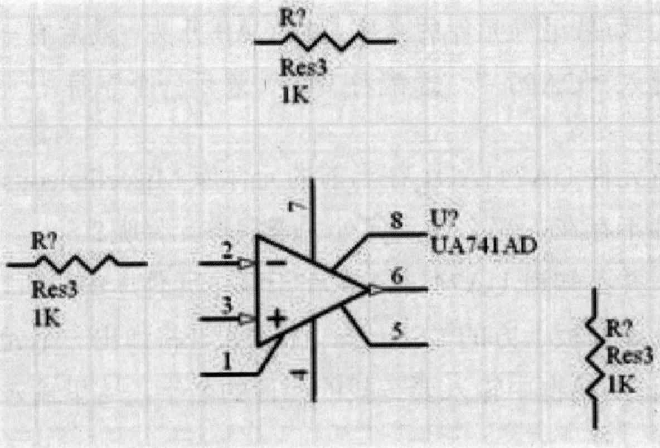

图 2-12　放置了元件 UA741AD 后的原理图

按照以上所述的元件查找和放置方法，分别找到元件 VSIN 和 VSRC，并将其放置在图纸上合适的位置。至此，所有元件放置完毕。

2. 元件属性的设置

和实际绘制的原理图相比，可以发现在目前已经完成的原理图中，元件的名字和编号和要求的不一致。那么该如何修改元件的名字、编号等属性呢？

双击元件，打开该元件的属性对话框，就可以在其中进行修改相关的元件属性了。在此，以电阻 RES3 为例，介绍元件属性对话框的设置。

双击 RES3，打开该元件的属性对话框，如图 2-13 所示。

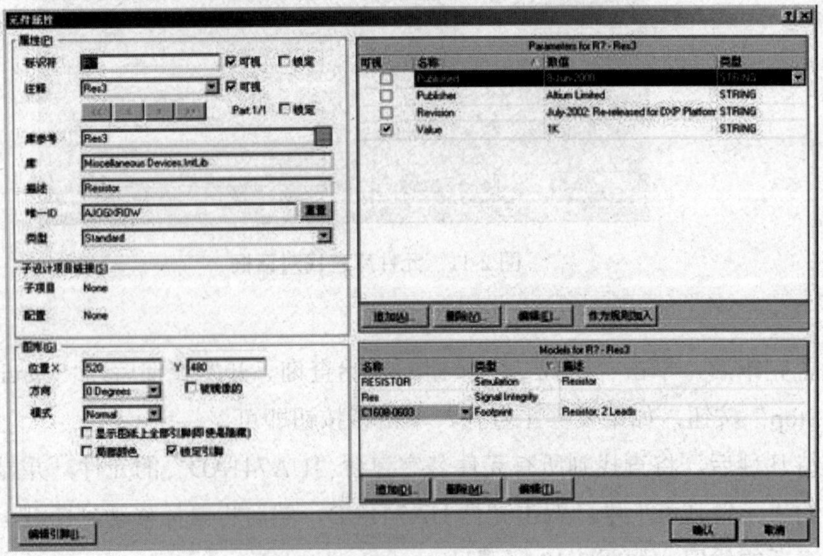

图 2-13　元件属性对话框

元件属性对话框的左上角，标志符表示的是该元件所对应的编号，这里设置其为RI，注释一栏表示的是该元件的说明信息，如 RES3，取消“可视”单选框，将其不显示。在右边列项中，将 Value 的值改为 10K，在右下方的 Footprint 前的列表框中可以选择相应的元件封装类型。

【知识链接】如何修改元件的属性

绘图过程中，如果需要修改元件编号或元件名称的颜色或改变字体，只要双击要修改的元件名称或编号，即可打开参数属性对话框进行设置。

打开元件属性对话框的另外一种方法是，当元件处于浮动状态时，按下 Tab 键。所谓浮动状态，就是用鼠标左键单击器件，鼠标变成十字形时的状态，或是器件处于未放定时的状态。

在器件上单击右键，在快捷菜单上选择“属性”，也可打开属性对话框。

元件放置好，并且属性已经设置完毕，那么元件之间的导线如何连接，导线上的标号如何设置，电源或者接地符号如何设置呢？

2.3.4　使用导线连接元器件

导线的作用就是在原理图中各器件之间建立连接关系。 在图 2-14 中，如果现在需要将元件 RI 和 VSIN 连接起来，则步骤如下。

步骤 1：执行菜单“放置”/“导线”。

步骤 2：将鼠标光标移动到图纸中 RI 的左侧管脚处单击左键确定起点。

步骤 3：移动鼠标光标到元件 VSIN 的上侧管脚处单击确定终点。

步骤 4：单击鼠标右键或按 ESC 键退出绘制导线状态。

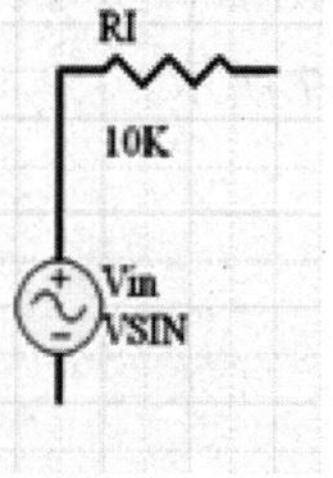

图 2-14　连接好的 RI 和 VSIN

连接后的 RI 和 VSIN 如图 2-14 所示。

在绘制导线的过程中，如果需要在某处拐弯，则可以在拐点处单击确定拐点。

在绘制导线的过程中，如果按下 Tab 键，则将弹出“导线属性”对话框，用户可以在对话框中设置导线的颜色和宽度。

绘制导线过程中，当导线移动到某个引脚端点或者导线端点时，将出现红色的“×”，这是前面所提到的电气栅格的作用，它能够在规定的距离内自动捕捉到端点而进行连接。

所有器件连接后的效果如图 2-15 所示。

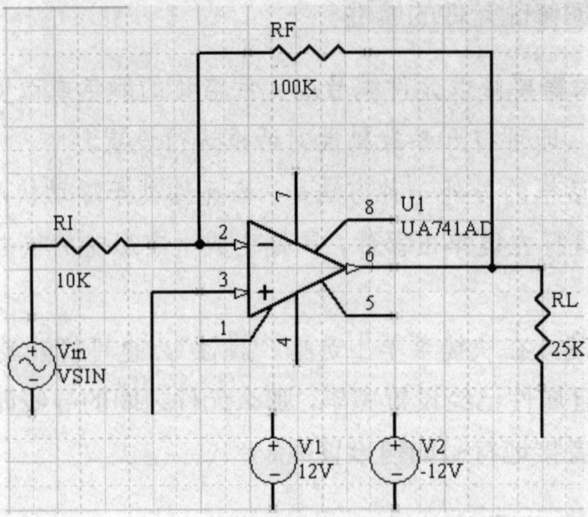

图 2-15　导线连接效果图

2.3.5　电源符号的使用

经常用的有两种电源符号 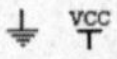 ，其操作步骤如下。

步骤 1：执行菜单“放置”/“电源端口”，然后将鼠标移动到原理图中电阻 RL 下方，连续按三次空格键，使电源符号转动 270°，然后将电源符号对齐电阻引脚放置。如图 2-16 所示。

步骤 2：双击电源符号，在弹出的属性对话框中，将电源符号的显示形式由 Bar 改为 Power Ground。修改后如图 2-17 所示。

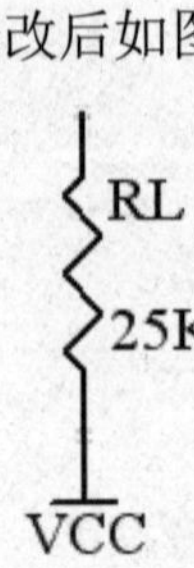

图 2-15　电源符号

图 2-17　接地符号

步骤 3：在电源符号属性对话框中，可以修改电源符号的名称、颜色、坐标位置、放置角度，以及显示形式。

按照以上方法放置所有的电源符号，并设置相应的显示形式、名称、角度和位置。最后再次保存即可。

2.3.6　导线的放置

Protel 2004 软件中的导线是指具有电气连接关系的一种原理图组件，它不同于绘图工具中的直线，直线没有任何电气连接意义。

1. 放置导线

执行“放置”/“导线”菜单命令，光标变成十字架，如图 2-18 所示，开始绘制。

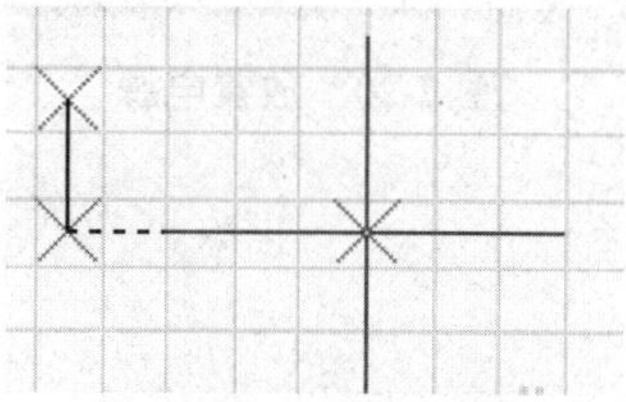

图 2-18　放置导线

2. 设置导线属性

双击导线或在放置导线状态下按 Tab 键，如图 2-19 所示。

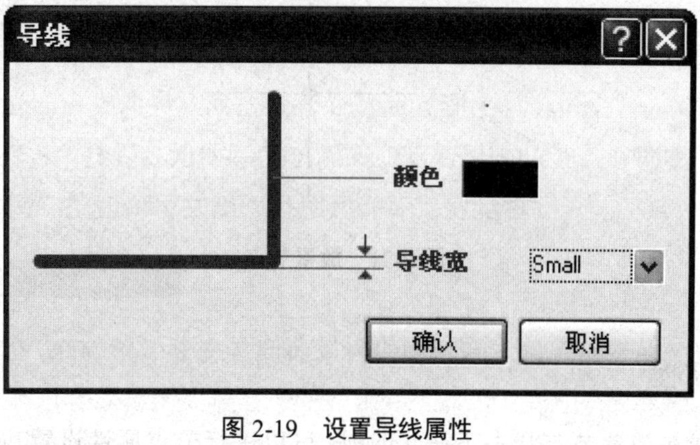

图 2-19　设置导线属性

2.3.7　电源/接地组件的放置

在 Protel2004 软件中的编辑环境下，执行“放置”/“电源端口”菜单命令，或在“配线工具”工具栏上单击放置端口图标。如图 2-20 所示。

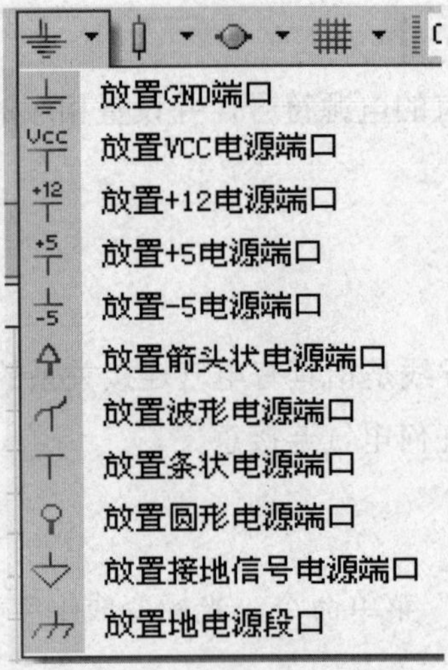

图 2-20　放置电源

2.3.8　线路节点的放置

节点主要是完成两条交叉导线之间的电路连接。

1. 放置节点

执行“放置”/“手工放置节点”菜单命令，如图 2-21 所示。

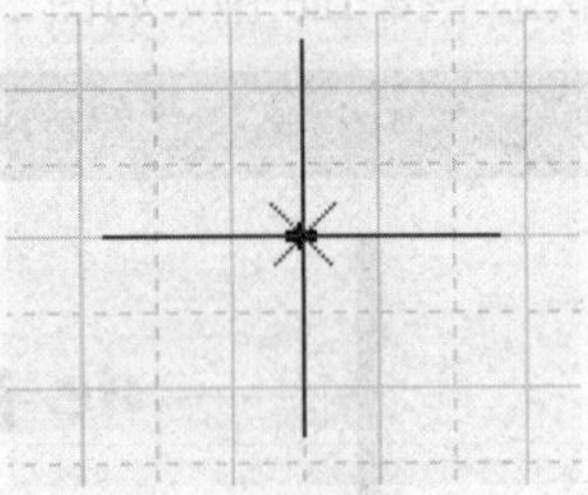

图 2-21　放置节点

2. 节点属性

双击节点或在放置节点状态下按 Tab 键，可以进行节点属性设置，如图 2-22 所示。

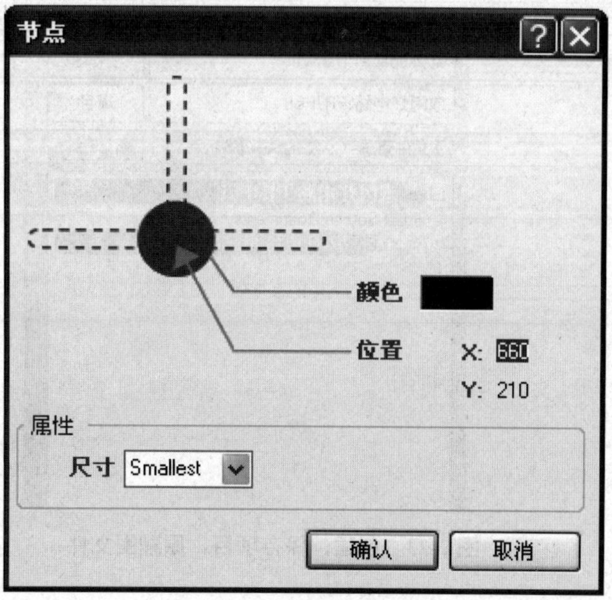

图 2-22　设置节点属性

2.4　项目实施

2.4.1　文件创建与保存

1. 工程项目文件创建与保存

执行“文件”/”创建”/”项目”/”PCB 项目”。

执行“文件”/”保存项目”菜单命令，保存工程项目文件，文件名为：双闪灯电路.PRJPCB。

2. 原理图文件的创建与保存

执行“文件”/”创建”/”原理图”。

执行“件”/”保存”菜单命令，保存原理图文件，文件名为：双闪灯电路.SCHDOC。如图 2-23 所示。

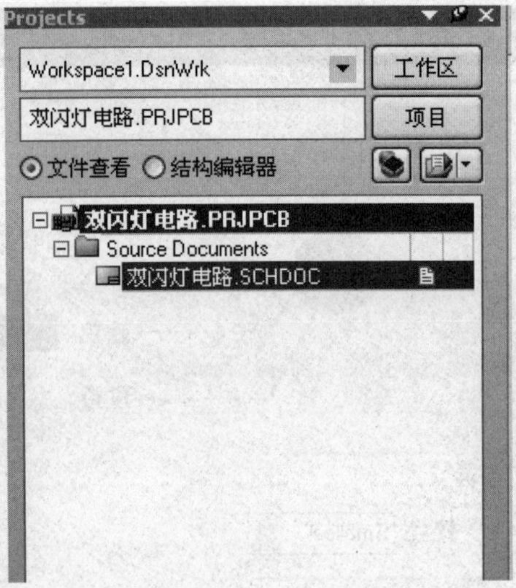

图 2-23　创建、保存项目、原理图文件

2.4.2　元器件的放置

1. 元器件的放置

（1）通过“元件库”对话框放置，如图 2-24 所示。

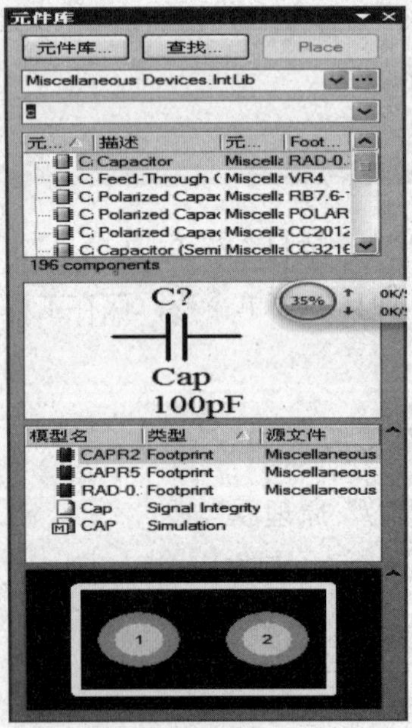

图 2-24　放置元器件

（2）通过执行菜单命令放置。执行“放置”/“元件”菜单命令，弹出“放置元件”

对话框，如图 2-25 所示。

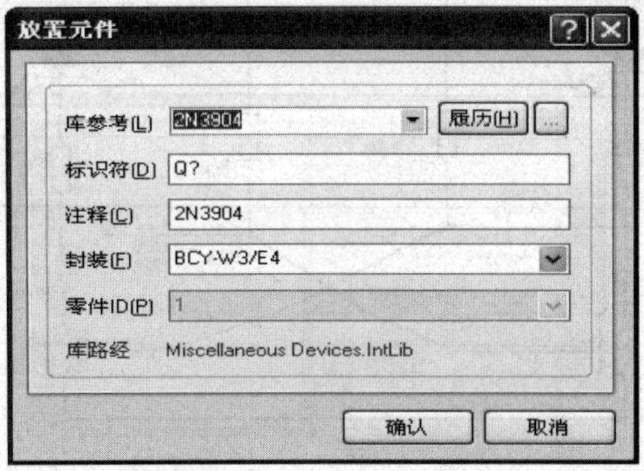

图 2-25　“放置元件”对话框

2. 设置元件属性

元件属性如图 2-26 所示。可通过以下 4 种方法设置元件属性。

（1）右击选中的对象，在弹出的快捷菜单中单击“属性”命令。

（2）双击元器件。

（3）单击元器件的同时按下 Tab 键。

（4）在放置元器件前元器件处于浮动状态时按下 Tab 键。

图 2-26　设置元器件属性

3. 元器件布局

选中元器件，按住鼠标左键拖动到合适位置放置，对元器件参数位置进行适当调整。完成的电路图如图 2-27 所示。

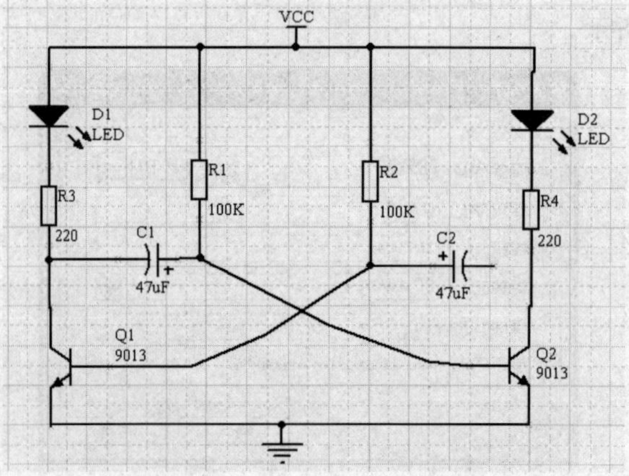

图 2-27　完成双闪灯原理图绘制

项目小结

本章结合双闪灯原理图的绘制，介绍了简单电路原理图的绘制方法及工具栏的基本使用。主要包括原理图设计步骤、设置原理图图纸、放置元件与设置元件属性、放置导线与设置导线属性、改变视窗操作及元件的通用编辑方法等内容。

通过本章学习，读者需要掌握以下知识点。

（1）原理图设计步骤。

（2）新建项目及原理图文件方法。

（3）原理图图纸设置方法。

（4）装载元件库方法。

（5）放置元件及元件属性设置方法。

（6）放置导线及导线属性设置方法。

（7）放置电源和接地符号的方法。

（8）改变视窗及编辑对象的方法。

项目练习

1. 填空题

（1）默认状态下导线十字相连需要放置一个_______，而 T 形相连则会自动放置。

（2）仿真软件要具备________属性。

（3）可以采用________、________、________的方法来设计 PCB 图。

（4）在 PCB 中过孔有________、________、________三种形式。

2. 选择题

（1）Protel DXP 的组成有（　　）。

A．CPLD/FPGA　　B．Simulate　　C．Schematic　　D．PCB

（2）Protel DXP 的面板显示方式有（　　）。

A．自动隐藏　　B．锁定显示　　C．任意显示　　D．浮动显示

（3）主窗口的标签分布在（　　）。

A．上边　　B．下边　　C．左边　　D．右边

（4）个性化设置可以用来修改（　　）。

A．系统菜单　　B．窗口　　C．工具栏　　D．快捷键

3. 判断题

（1）通过 Protel DXP 的主窗口可以新建一张原理图，但不能新建一个项目。（　　）

（2）启动 Protel DXP 的方法可以有多种。（　　）

（3）Protel DXP 的各种显示方式不可以任意切换。（　　）

（4）Protel DXP 工作区四周的标签不能交换位置。（　　）

4. 简答题

（1）Protel DXP 主要有几大部分组成？

（2）Protel DXP 有多少板层可供设计？

（3）根据本教材上机指导方法可以汉化 Protel DXP 的所有子菜单吗？

（4）安装 Protel DXP 软件要更改那些设置？

5. 拓展练习

（1）绘制如图 2-28 所示的电位器调光电路的原理图。

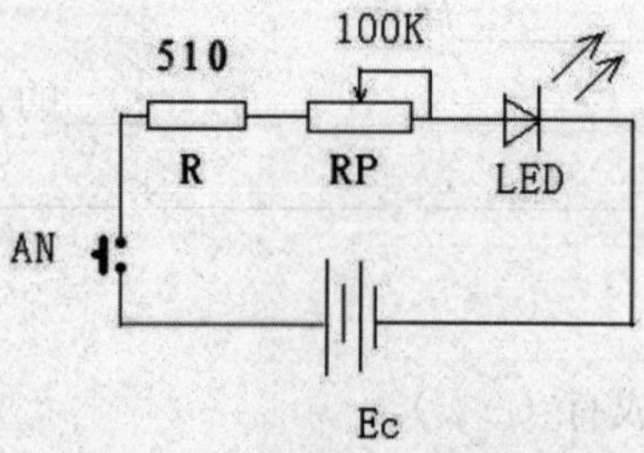

图 2-28 电位器调光电路

（2）绘制如图 2-29 所示的简易光控电路的原理图。

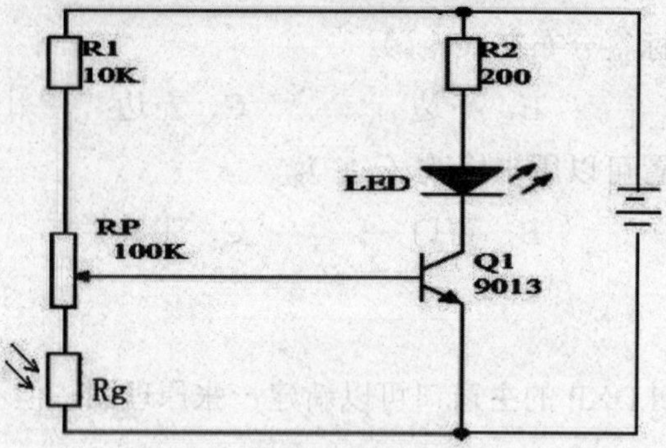

图 2-29 简易光控电路

（3）绘制如图 2-30 所示的简易枕边 LED 灯电路的原理图。

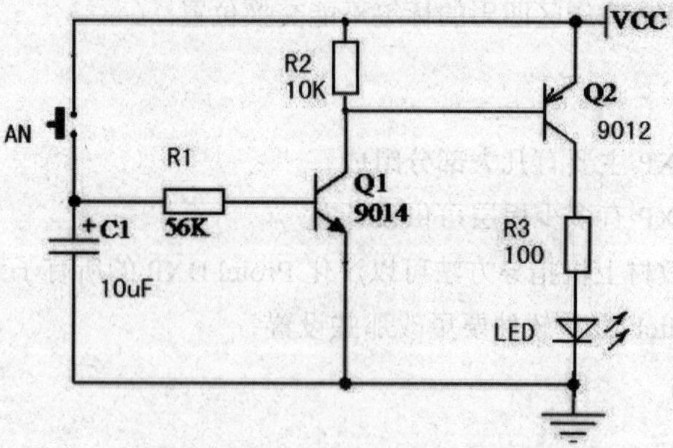

图 2-30 简易枕边 LED 灯电路

项目 3　手机电池充电器电路原理图绘制

3.1　项目分析

该电路为手机锂离子电池充电器电路，充电电流有 100 mA （图 3-1 中开关 SB 断开时）、500 mA（图 3-1 中开关 S 闭合时）两挡可供选择。电路允许的 MAX1811 的第 1 脚按图连接时，最高充电电压为 3.2 V；第 1 脚与电源负端连接时，最高充电电压为 3.1 V。一旦达到最高充电电压时，充电电流就急剧减少，并维持最高充电电压不变。图 3-1 中，VD1 作为电源指示，VD2 作为充电指示，灯亮表示正在充电，灯灭表示充电结束。

手机锂离子电池充电器电路图如图 3-1 所示。

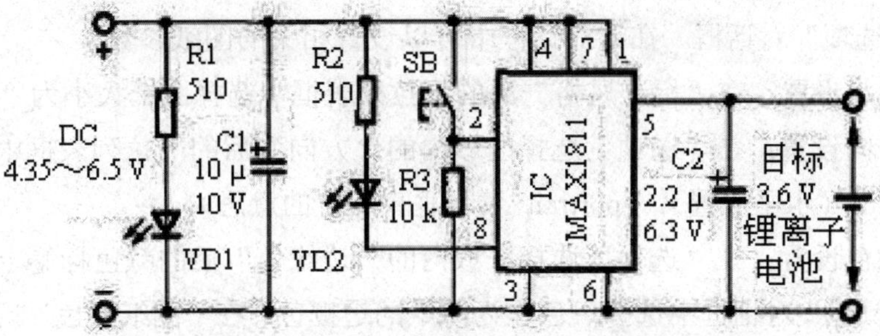

图 3-1　手机锂离子电池充电器电路图

3.2　项目要求与能力目标

【项目要求】

- 原理图文件命名为充电器电路.SCHDOC，保存在 D 盘作业文件夹里面；
- 图纸尺寸设置为自定义风格：2 000 mil × 1 500 mil，横向；
- 图纸颜色设置为 140 号，图纸边缘为 4 号颜色；
- 自制标题栏，尺寸为 60 0mil × 1 200 mil，文字标注：班级、姓名，并将模板导入。

【能力目标】

通过完成“手机电池充电器电路”的任务，可以培养以下能力。

- 能绘制简单的电路原理图；
- 熟悉元件库装载及应用；
- 能熟练设置原理图图纸参数；
- 能熟练设计自制标题栏；
- 能熟练使用元件库编辑器。

3.3 项目准备

3.3.1 原理图图纸参数设置

绘制原理图之前需要对图纸参数进行设置：选择菜单命令“设计”/“文档选项”，弹出“文档选项”对话框。在该对话框中可以设置相关的图纸参数。

图纸大小设置：在“标准风格”后的下拉列表框中选择图纸大小为“A4”。

图纸方向设置：在“选项”选择区域内的“方向”后的下拉列表框中选择图纸方向为 landscape（水平放置）。（portrait 表示垂直放置的意思）

图纸颜色设置：在“选项”选择区域内的“边缘色”后的颜色标签上单击，在弹出的“边缘颜色”对话框中选择黑色作为图纸的边框色。在“图纸颜色”后的颜色标签上单击，在弹出的“图纸颜色”对话框中选择白色作为图纸的颜色。

栅格和捕捉的设置：所谓栅格，也就是电路图纸上的网格；而捕捉指的是光标每次移动的距离。

在“网格”选择区域内的“可视”前，单击选中复选框，然后将其后的数值改为 10，表示网格大小为 10。如果复选框没有选中，则表示栅格不可见。

在“网格”选择区域内的“捕获”前，单击选中复选框，然后将其后的数值改为 5，表示光标每次移动的距离为 5。如果复选框没有选中，则表示没有捕捉，光标可以任意距离移动。

电气捕捉的设置：在“电气网格”选择区域内，单击选中“有效”复选框，表示电气栅格有效，然后将网格范围后的数值设置为 5。如果“有效”复选框没有选中，则表示电气栅格无效。

所谓电气栅格范围为 5，表示在绘图的时候，系统能够自动在 5 的范围内自动搜索电气节点，如果搜索到了电气节点，光标自动会移动到该节点上，并在该节点上显示一个圆点。

系统字体设置：单击“改变系统字体”按钮，在弹出的对话框中设置图纸的系统字体为 12 号、宋体、黑色。

设置完毕后，单击“确定”按钮即可。“文档选项”对话框的设置如图 3-2 所示。

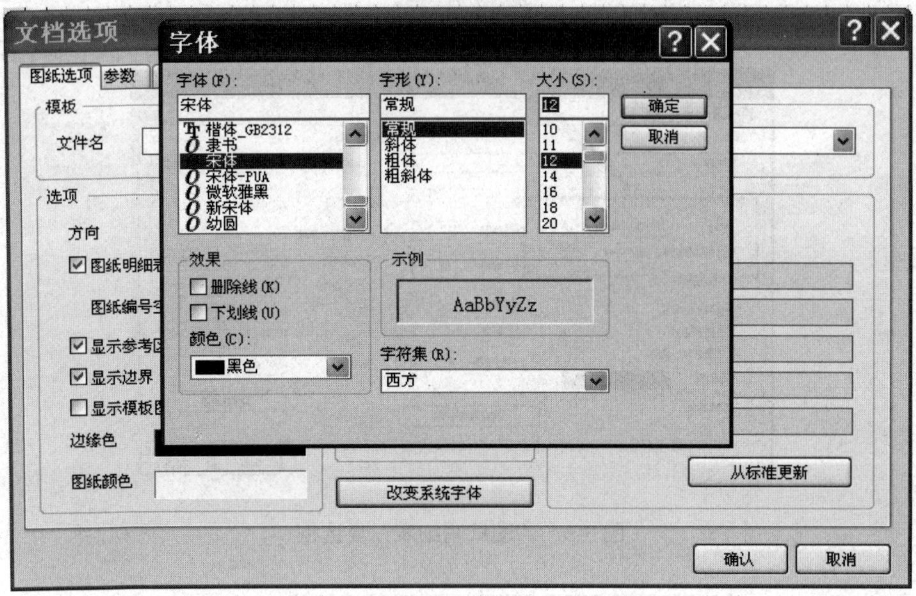

图 3-2　“文档选项”对话框的设置

3.3.2　文档选项参数设置

在“文档选项”对话框中，“文件名”后的文本框中可以输入电路图纸的名称，如图 3-3 所示，图纸名称可以设置为“手机充电器电路”。

（1）“显示参考区”复选框用于设置是否显示图纸的参考边框。

（2）“显示边界”复选框用于设置是否显示图纸边框。

（3）“显示模板图形”复选框用于设置是否显示图纸模板图形。

在“自定义风格”选项区域内，如果选中“使用自定义风格后”后的复选框，则用户可以在其中自由设置图纸大小。如果没有选中复选框，则只能在“标准风格”后的下拉列表框中选择一个系统提供的图纸大小。

大家可以试一试，比较设置前后的区别，就能够明白其中的含义。

3.3.3 原理图图纸标题栏设置

1. “图纸明细表”复选设置

在“文档选项”对话框中，有一个“图纸明细表”复选框，如图 3-3 所示。当选中该复选框时，将显示标题栏，反之则不显示标题栏，如图 3-4 和图 3-5 所示。

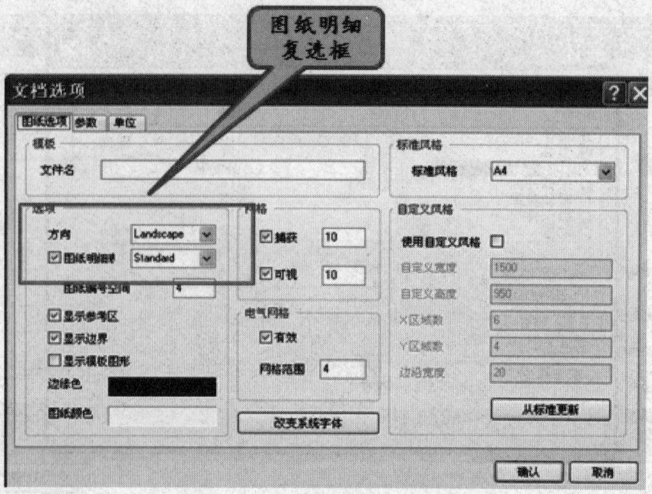

图 3-3 “图纸明细表”复选框

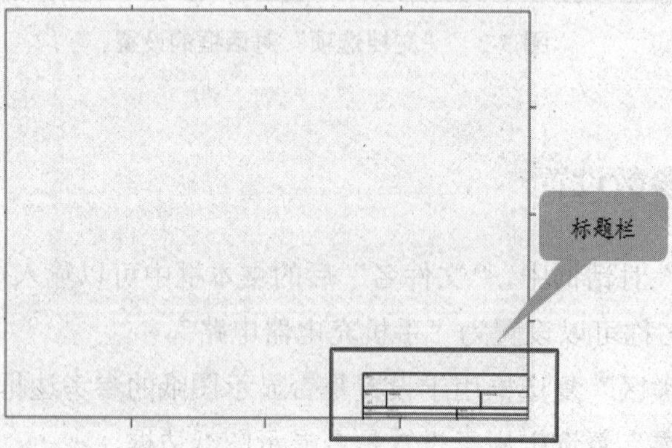

图 3-4 有标题栏

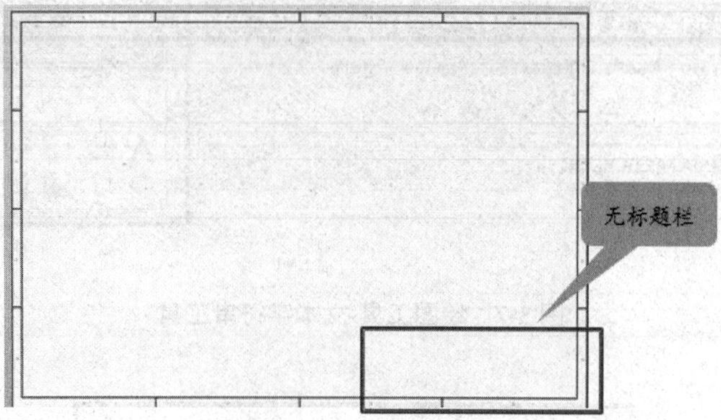

图 3-5　无标题栏

2. 自制图纸标题栏

除了可以直接使用软件自带的标题栏，也可以自己设计标题栏。

步骤 1：新建一个原理图文件。

步骤 2：在图纸任意空白处用绘图工具栏中的直线工具绘制一个 80 mil×160 mil 的标题栏方框，中间再分成两行两列，宽度自己设计，如图 3-6 所示。

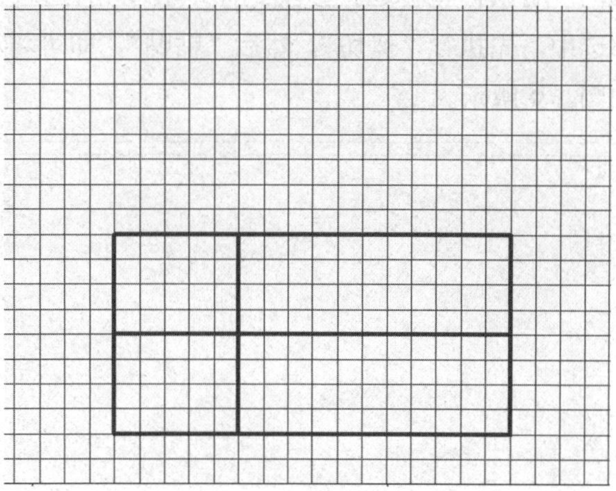

图 3-6　画标题栏方框

步骤 3：用绘图工具栏中的文本字符串工具 A，如图 3-7 所示。输入文字“班级”“姓名”，放置到方框中合适的位置，设置文本字符串工具属性可以调整字体颜色、大小。如图 3-8 所示。

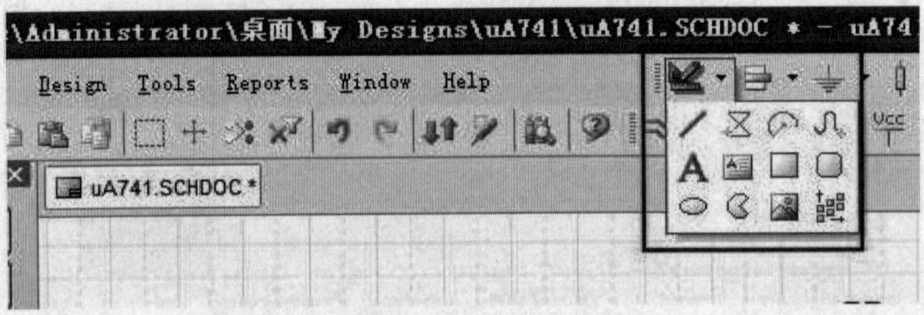

图 3-7　绘图工具-文本字符串工具

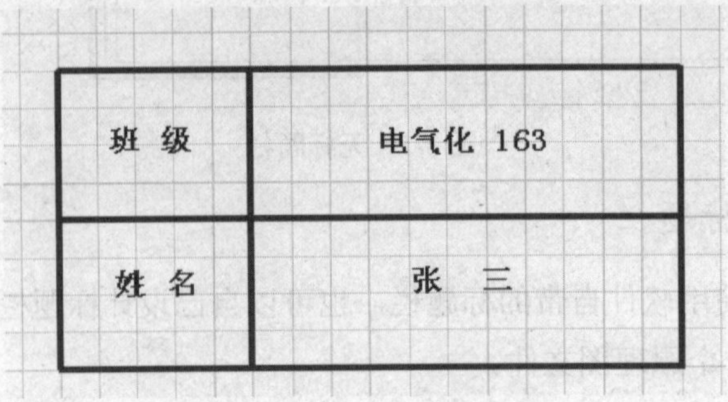

图 3-8　标题栏方框填充文字

步骤 4: 将图纸缩小，用鼠标将标题栏移动到图纸右下角位置。这里有个简便方法：将标题栏用鼠标全部选中，先执行“剪切”，然后“粘贴”，即可将标题栏方便地移动到图纸右下角位置。如图 3-9 所示。

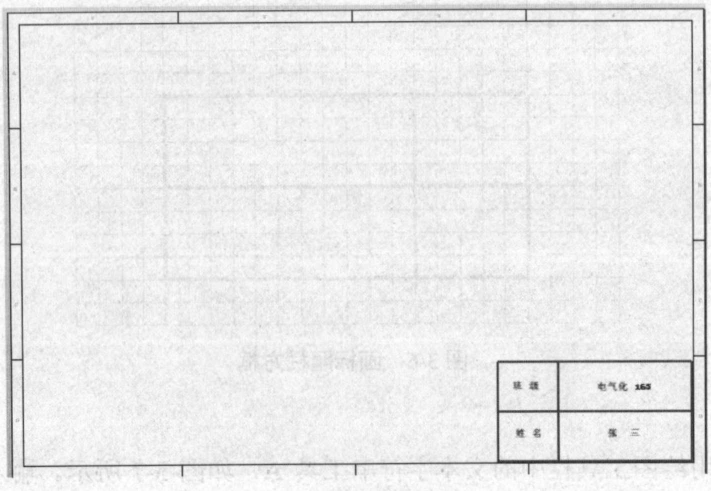

图 3-9　移动标题栏方框

步骤 5: 保存标题栏为模板文件。执行“文件”→“保存”，将画好标题栏的空白原理图文件保存为：模板.SCHDOT，注意此处文件扩展名为 SCHDOT，记好储存路径，后面导入该模板时需要的正确路径。如图 3-10 所示。

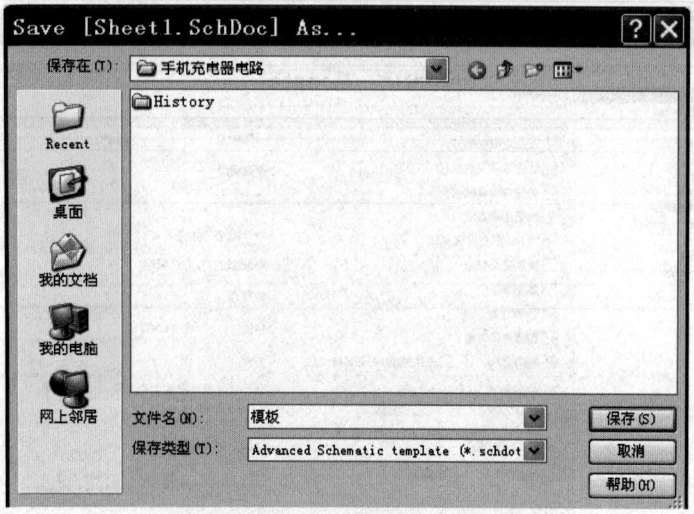

图 3-10　保存标题栏模板

步骤 6： 导入模板文件。执行“DXP”→“优先设定”，如图 3-11 所示。

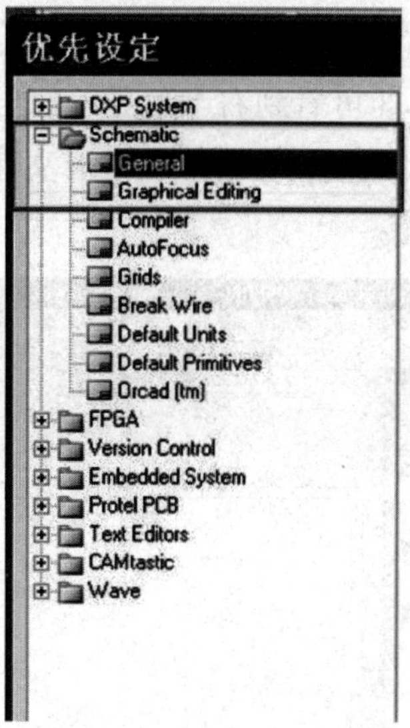

图 3-11　优先设计命令

步骤 7： 找到右下角的”模板”，点击”浏览”命令，从刚才保存模板的路径中找到模板文件，选中即可导入模板文件，随后如果对这个模板不满意了，在这个界面点击“清除”命令，即可把模板清除。如图 3-12 所示。

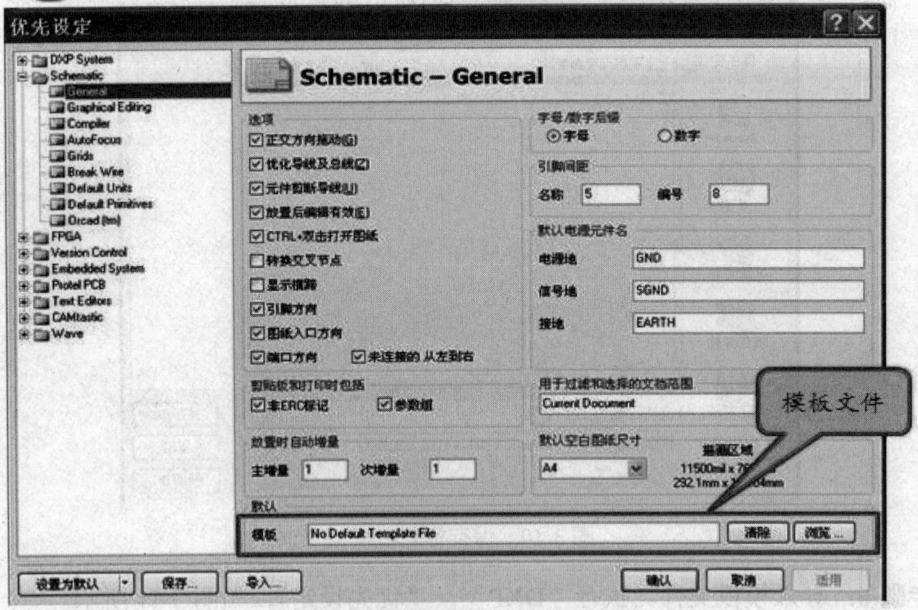

图 3-12　优先设定模板导入

步骤 8：新建原理图文件，即可看到右下角导入的自制标题栏，导入后该标题栏是不可编辑状态，如需改动，要找到模板文件，在模板文件中修改、保存，再重新导入新模板即可使用。如图 3-13 所示。

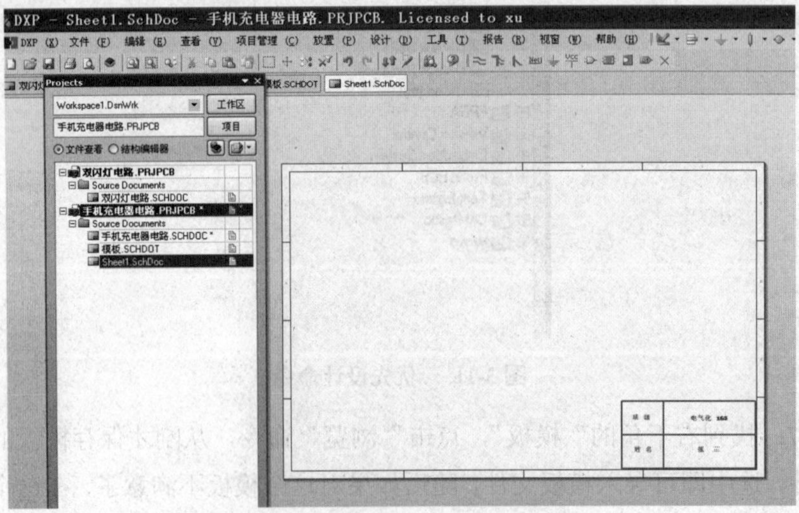

图 3-13　模板导入后的新建原理图

3.3.4　元件库的加载

本例中所需要的元件主要包含在 TIAnalog Timer Circuit.IntLib 和 Miscellaneous device.IntLib 两个元件库中。因此，必须先将这两个元件库加载到项目中去。

步骤 1： 单击窗口右侧的“元件库”标签，打开“元件库”面板。

步骤 2： 单击上方的“元件库...”按钮，弹出一“可用元件库”对话框，如图 3-14 所示。其中，列出的就是当前项目已经安装可供使用的元件库。该对话框中包含 Miscellaneous device.IntLib 元件库，表示其已经加载进来。下面只需要加载元件库 TIAnalog Timer Circuit.IntLib 即可。

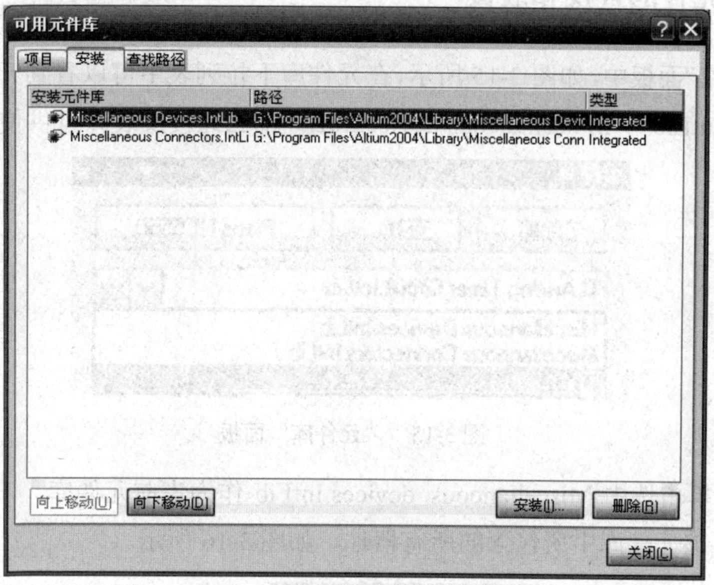

图 3-14　“可用元件库”对话框

步骤 3： 单击“可用元件库”对话框下侧的“安装...”按钮，在“打开”对话框中，找到 Texas Instruments 文件夹，双击打开，然后找到 TI Analog Timer Circuit.IntLib，单击选中，单击“打开”按钮。元件库 TI Analog Timer Circuit.IntLib 即被加载进来可供使用了。单击“关闭”按钮，可关闭“可用元件库”对话框。

【知识链接】 关于元件库

在 Protel DXP 2004 软件被安装到计算机中的同时，它所附带的元件库也被安装到计算机的磁盘中了。在软件的安装目录下，有一个名为 Library 的文件夹，其中专门存放了这些元件库。这些元件库是按照生产元件的厂家来分类的，比如 Wesern Digital 文件夹中包含了西部数据公司所生产的一些元件；而 Toshiba 文件夹中则包含了东芝公司所生产的元件。

在绘图过程中，用户需要把自己常使用的器件所在的库加载进来。由于加载进来的每个元件库都要占用系统资源，影响应用程序的执行效率，所以在加载元件库时，最好的做法是只装载那些必要而且常用的元件库，其他一些不常用的元件库仅当需要时再加载。日常使用最多的元件库是 Miscellaneous Connectors.IntLib 和 Miscellaneous Devices.IntLib，后者中包含了一些常用的器件，如电阻、电容、二极管、三极管、电感、开关等，而前者包含了一些常用的接插件，如插座等。

3.3.5　常用元件的查找和放置

在“元件库”面板中，如图 3-15 所示，在元件库下拉列表中可以看到元件库 TIAnalog Timer Circuit.IntLib 和 Miscellaneous device.IntLib 都已经被安装并可供使用，

图 3-15　“元件库”面板

步骤 1：单击选中 Miscellaneous devices.IntLib 作为当前元件库，下面的元件列表框中就列出了该元件库中所包含的所有器件。如图 3-16 所示。

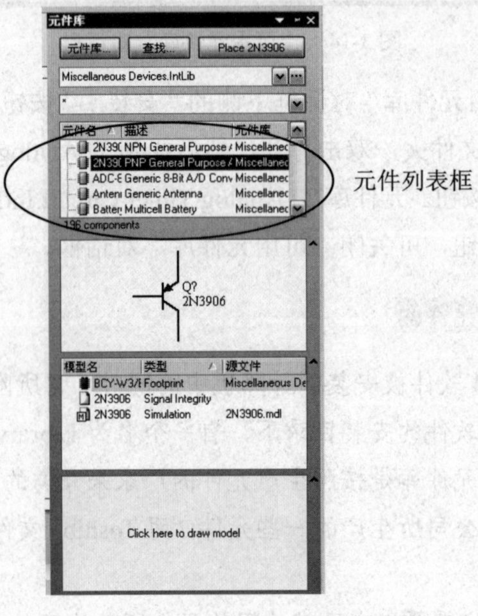

图 3-16　元件库下拉列表

步骤 2： 在元件列表框中找到电阻 RES2，双击，然后移动到图纸上在合适的位置放置 4 个，具体位置可参照图 3-1，在绘制过程中按空格键可以将元件旋转 90°。

元件的编辑操作：

【元件的选择】 单击某个元件，即可将其选中。选中元件后，可以对其执行清除、剪切、拷贝、对齐等操作。如果需要选择多个对象，则需按住键盘上的 Shift 键，然后依次单击要选择的对象即可。如果要取消选择，只需要在图中空白处单击鼠标即可。

【元件的对齐】 本操作中，需要对指定多个对象进行纵向对齐操作。则先按住 Shift 键，然后依次单击选中多个对象。选中后，执行菜单"编辑"/"排列"/"左对齐排列"，四个对象就将以最下边的对象的中心为标准对齐。Protel DXP 2004 共提供了 10 种排列方式，用户可以根据自己的需要选择。

【元件的翻转】 用鼠标单击元件 SE555D，待到光标变成十字后，按 Y 键，将该元件上下翻转。如图 3-17 所示

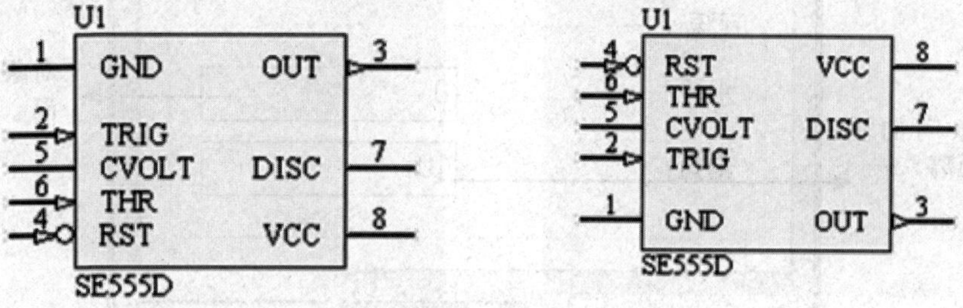

图 3-17　元件上下翻转前后对比

同理，在元件浮动过程中按下 X 键可以实现左右翻转。

【元件的移动】 如果需要移动对象，只需要在选择对象后，按住鼠标左键拖动即可。本例中，用户可以自己的需要适当的移动对象来调整布局。

元件的移动也可以通过菜单"编辑"/"移动"后的各个子菜单命令来执行。用户可以通过具体操作来理解各项的含义。

【知识链接】元件的剪切、复制、粘贴、阵列式粘贴操作。

元件的剪切： 选中需要剪切的对象后，执行菜单"编辑"/"剪切"。该命令等于于快捷键"Ctral+X"。

元件的复制： 选中需要复制的对象后，执行菜单"编辑"/"复制"。该命令等同于快捷键"Ctral+C"。

元件的粘贴： 该操作执行的前提是已经剪切或复制完器件。执行菜单"编辑"/"粘

贴”，然后将光标移动到图纸上，此时，粘贴对象呈现浮动状态并且随光标一起移动，在图纸的合适位置单击左键，即可将对象粘贴到图纸中。该命令等同于快捷键“Ctrl+V”。

元件的阵列式粘贴：执行菜单“编辑”/“粘贴阵列...”，在弹出的对话框中进行设置，如图 3-18 所示。

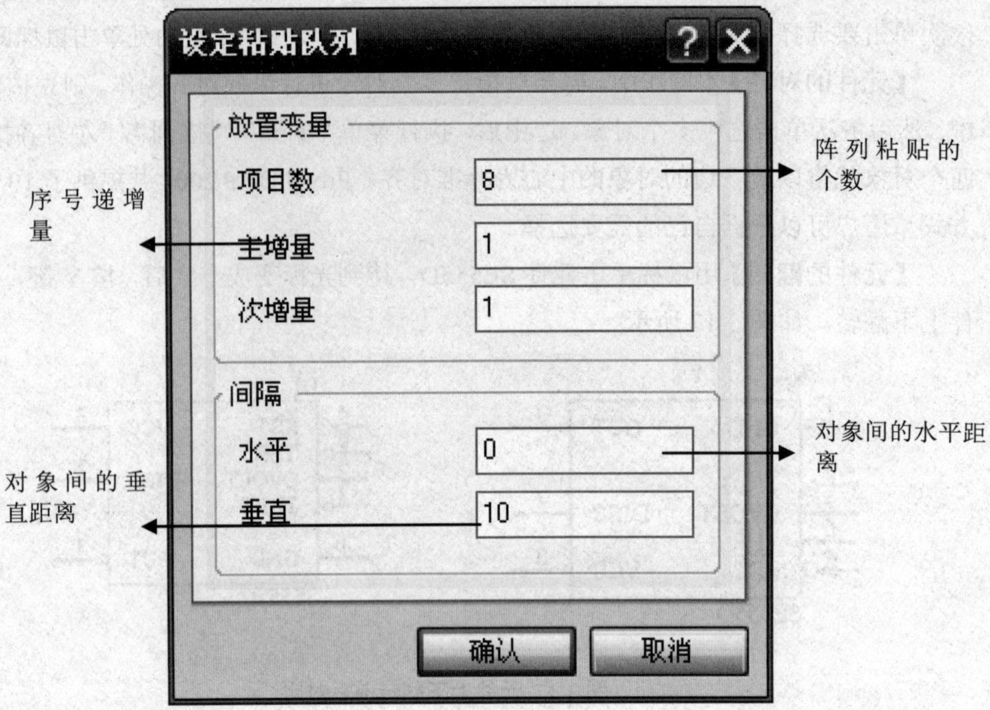

图 3-18　粘贴队列对话框

需要粘贴的数量、序号的递增量、元件间水平和垂直的距离，然后单击“确定”，然后在图纸的合适位置单击确定基点，就可以按照指定的数量和参数粘贴若干个器件。

【元件的清除】选中操作对象后，执行菜单“编辑”/“清除”，或者按下键盘上的“Delete”。

3.3.6　新元件原理图库设计

在实际的电路设计中，可能要用到一些新型或特殊元件，虽然 Protel DXP 2004 集成了大量的元器件库，但往往不能提供或满足要求，这就需要创建该元器件的符号外形和引脚定义。Protel DXP 2004 提供的原理图元件库编辑器，就可以实现设计者根据自己的要求进行创建库中没有的元件。本项目中的集成电路 MAX1811 在元件库中就搜索不到。需要我们自己设计该元器件的符号外形和引脚定义。MAX1811 元件管脚图如图 3-19 所示。

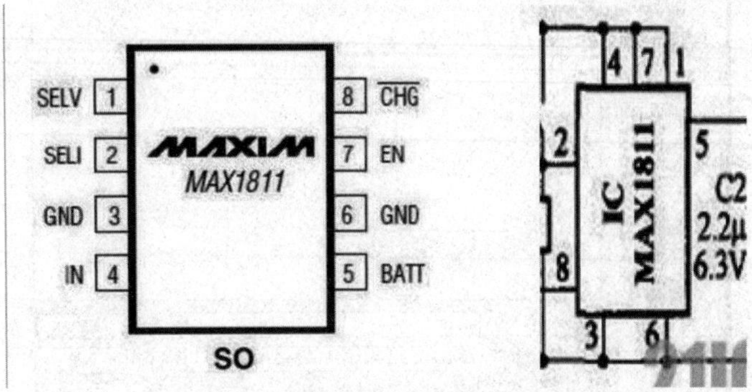

图 3-19　MAX1811 元件管脚图

1. 启动元器件库编辑器

步骤 1：在进行元器件编辑前首先要加载元器件编辑器，执行”文件”→”创建”→”库”→”原理图库”菜单命令，弹出元器件库编辑器，如图 3-20 所示。

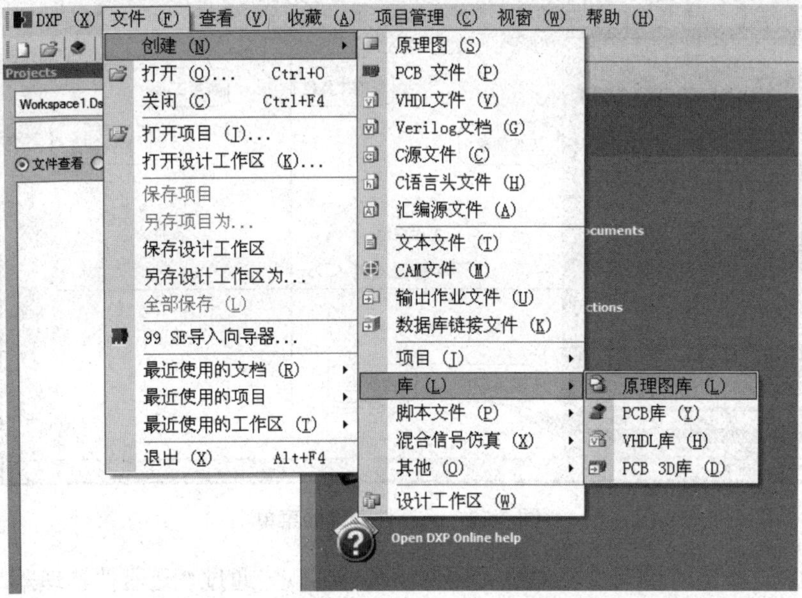

图 3-20　启动元器件库编辑器

步骤 2：执行”文件”→”保存”命令，弹出“保存”对话框，如图 3-21 所示。在弹出的对话框中可以更改元件库的名称并进行保存。在本电路原理图需要编辑的元件是 MAX1811。在命名的时候，写成 MAX1811 即可。

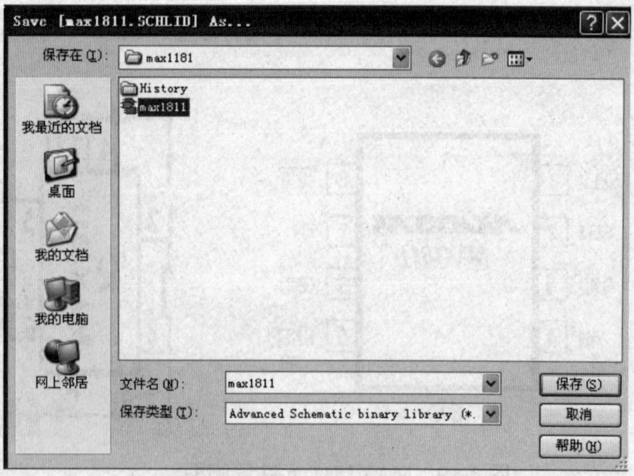

图 3-21 “保存”对话框

上述操作完毕，在界面上则会出现元器件管理器菜单，如图 3-22 所示。

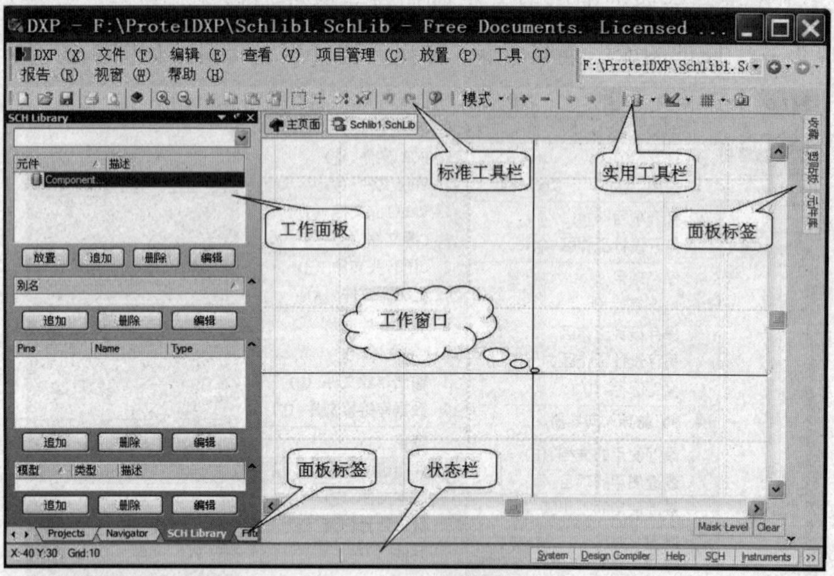

图 3-22 元器件管理器菜单

原理图元器件的管理主要通过元器件管理器实现，通过“元器件管理器“可以对元器件库中已有的元器件进行查找、删除、放置，还可以对新绘制的元器件进行编辑、添加等。元器件管理器与设计管理器集成在一起。元器件库管理器共包含四个区域，从上到下依次分别为：Components（元器件列表）区域、Aliases（元器件别名）区域、Pins（元器件引脚）区域和 Model（元器件模型）区域。

主菜单： 主菜单如图 3-23 所示，通过操作主菜单，可以完成绘制原理图元件库所需的操作。

图 3-23　原理图元件库编辑器主菜单

标准工具栏：标准工具栏包括新建、打开、保存、打印、缩放、复制等常用工具，如图 3-24 所示。

图 3-24　原理图元件库标准工具栏

实用工具：包括 IEEE 符号、引脚、绘图、网格等工具，如图 3-25 所示。元件的模型绘制可以通过实用工具来完成，其中按钮用于放置元件引脚，按钮用于在当前元件中添加一个元件子部分（Component Part），通常用于一个元件包含几个独立部分的情况。

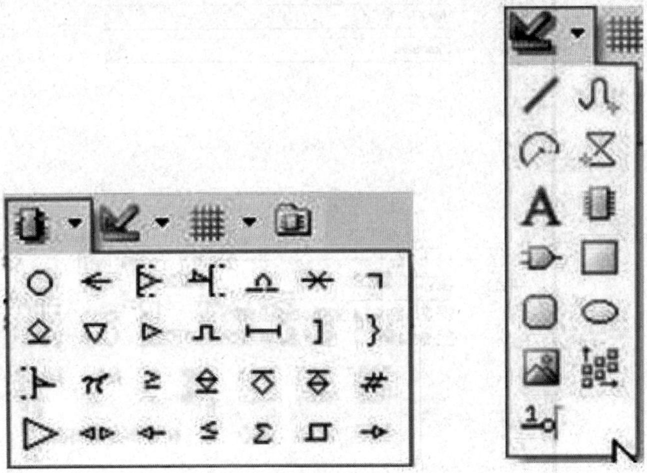

图 3-25　原理图元件库实用工具

2. 确定元件名称

如图 3-26 所示，“SCH Library”面板的“元件”区域中，已默认生成一个元件“Component_1”。可以修改此元件的名字，这里改为要绘制的“max1811”，具体步骤如下。

步骤 1：单击“SCH Library”面板的“元件”区域中。“component_1”选中此元件。

步骤 2：选择“工具”/“重新命名元件”菜单命令，弹出重命名（“Rename Component”）对话框，在该对话框中输入新元件名“MAX1811”。元器件名称设置如图 3-27 所示，元器件属性设置如图 3-28 所示。

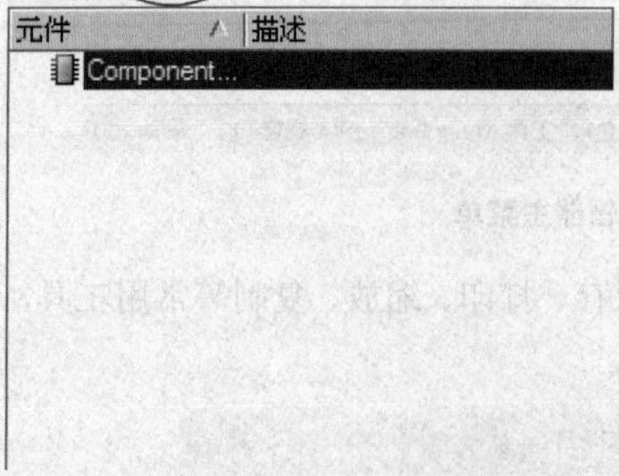

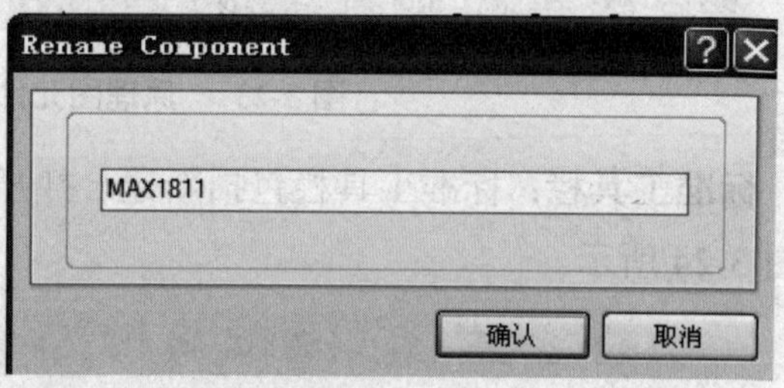

图 3-26　元器件库单击位置　　图 3-27　元器件名称设置

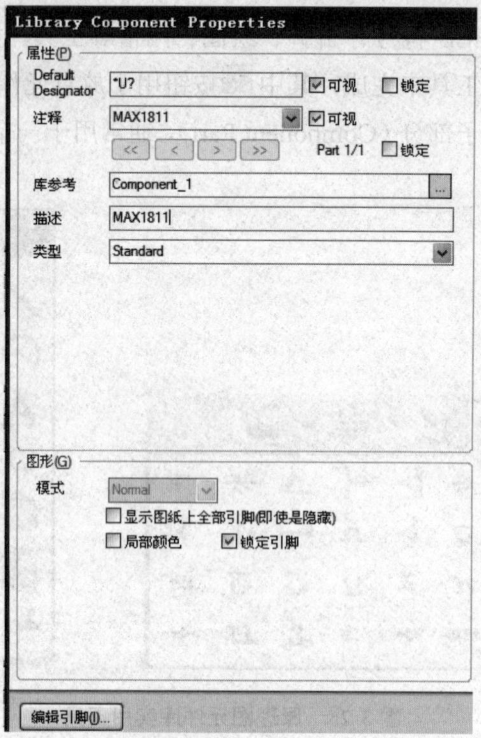

图 3-28　元器件属性设置

3. 元器件绘制

在对元器件进行属性设置完以后，元器件才开始真正的绘制。元器件属性的设置只是对元器件进行一些设置。元器件的绘制就是基于以上设置特性为基础进行绘制。在绘制元件器的时候，经常使用的快捷键是：ESC 键、右键、滚轮等。这些快捷的方便程度对于软件使用者而言，随着使用熟练度的增加成指数增长方式。

绘制元器件的主要分为两大部分：第一部分为元器件主体的绘制；第二部分为元器件管脚的绘制。

（1）元器件主体的绘制。单击“实用工具”栏中原理图符号绘制工具中的放置矩形按钮，如图 3-29（a）所示。绘制一个矩形电阻符号，如图 3-28（b）所示。

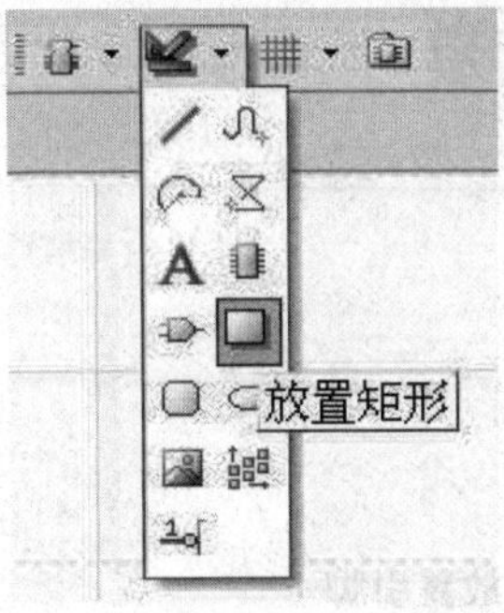

（a）

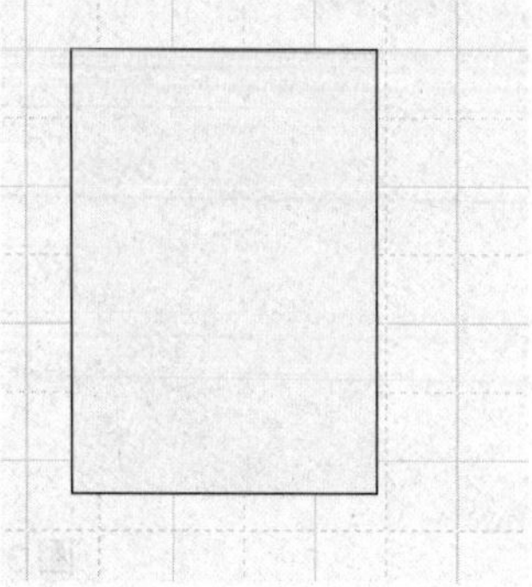

（b）

图 3-29　绘制一个矩形电阻符号

绘制完矩形后或绘制矩形的过程中，选中矩形，单击鼠标右键，在弹出的快捷菜单小选择“属性”或者直接双击矩形，弹出如图 3-30 所示的“矩形”对话框，对其属性进行修改。

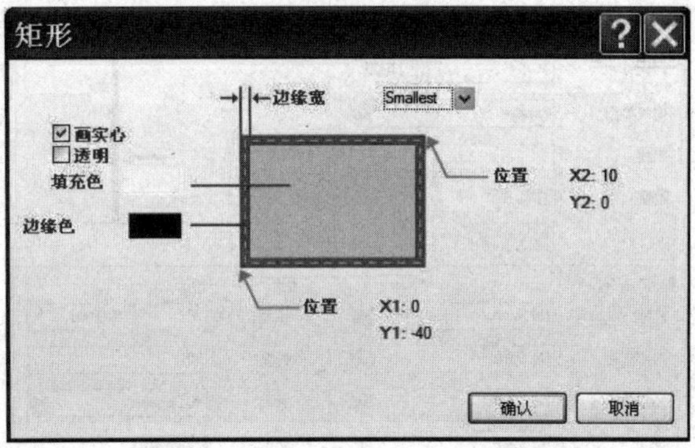

图 3-30　“矩形”属性设置对话框

（2）元器件引脚的绘制。元器件引脚具有电气属性，包含了该元件上的电气连接点。同时也具有图形属性，如宽度、长度、颜色等。对于元件引脚的绘制或者放置有两种知道思路。

第一种思路：与实际元器件封装的引脚相对应，按照顺序放置引脚。

第二种思路：按照元器件相应的引脚功能划分，依据不同的功能模块开绘制引脚。执行菜单命令工具→引脚进入引脚放置状态。

在此必须注意的是：引脚只有一端是具有电气属性，这样就需要在电路原理图绘制过程中可以与电气走线形成电气连接。绘制过程中可以按“空格”键来改变引脚的方向。

步骤 1： 如图 3-31 所示，单击“实用工具”栏中原理图符号绘制工具中的放置引脚按钮，在合适的位置放置引脚 1、2、3。

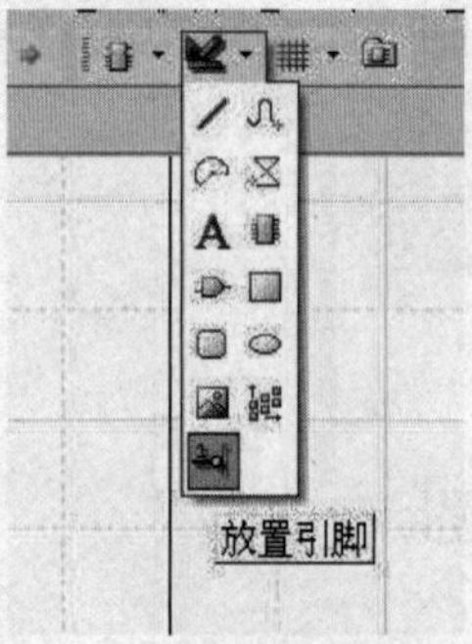

图 3-31　绘制工具中的放置引脚

步骤 2： 在单击“放置引脚按钮”后，按“Tab”键，弹出如图 3-32 所示的“引脚属性”对话框或者双击已放置的引脚，也可以出现此对话框。

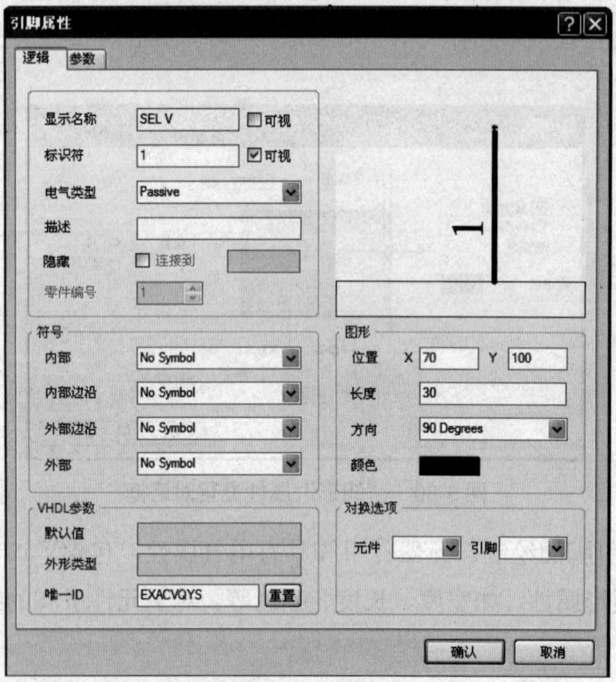

图 3-32　“引脚”属性设置对话框

图 3-33 所示为引脚 1 的属性设置，在“显示名称”文本框中输入引脚 3 的信息“SELV”，如不需要显示可去掉后面的 √。在“标识符”文本框中输入引脚 1 的序号“1”，在“电气类型”下拉列表中选择“Passive”，表示此引脚为无源引脚。

操作提示： 放置引脚时，可通过按“空格”键使引脚旋转，一定要保证将引脚名称对准元件，具有电气特性的一端，即带有“x”号的一端朝外，然后再单击鼠标左键放置引脚。否则制作的元件在原理图中调用时，没有电气连接。

添加文字注释： 单击“实用工具”栏中字符串工具放置该元件的文字注释。绘制好的元件图如图 3-33 所示。

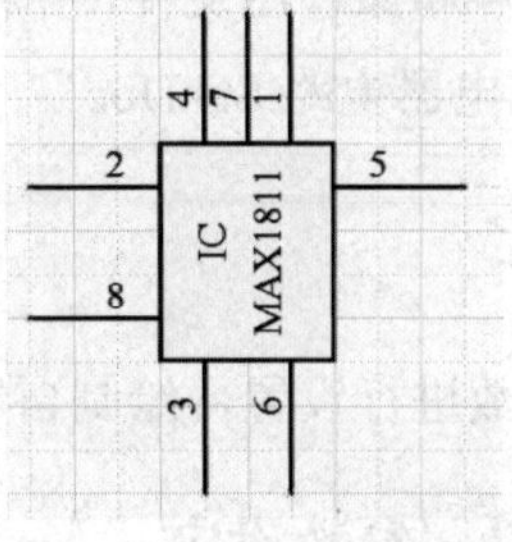

图 3-32　绘制好的元件图

4. 保存新元件原理图库

选择“文件”→“保存”菜单命令，在弹出的对话框中，选样存储路径，并把文件名修改为“MySchLib.SehLib”，保存文件。

5. 原理图元件库的调用

制作完原理图元件库后，即可采用调用标准元件库的方法调用制作的原理图元件库。可在原理图编辑器中选择“元件库”面板，再用上面介绍的方法装载制作的新元件库。原理图元件库的调用如图 3-34 所示。

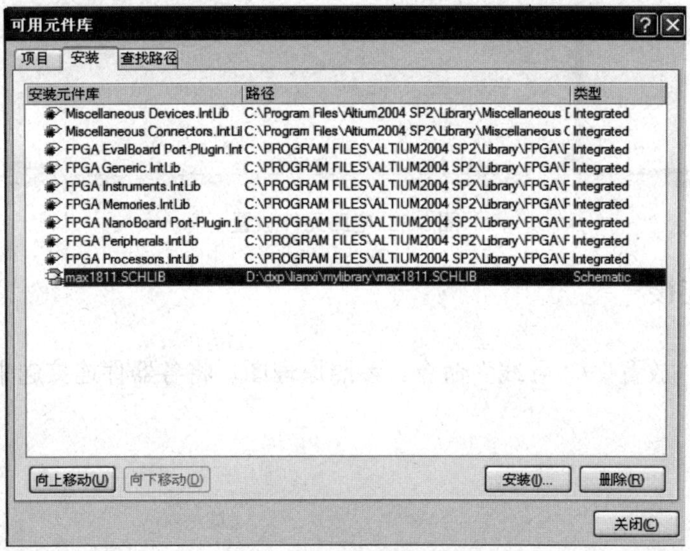

图 3-34　原理图元件库的调用

3.4 项目实施

3.4.1 新建项目文件和原理图文件

建立一个新的设计项目文件和原理图文件，并将文件分别保存为“手机电池充电器电路.PrjPCB”和“手机电池充电器电路.SchDoc”。

3.4.2 原理图图纸参数设定

根据项目要求，对图纸参数进行设置，绘制自制标题栏，并导入模板文件。

3.4.3 选择电路元件，放置、参数设定

根据电路原理图，在元件库中找到各个需要的元器件，放置电阻、电容 CAP、开关 SW-PB、LED、电解电容，并放在合适的位置，如图 3-35 所示。

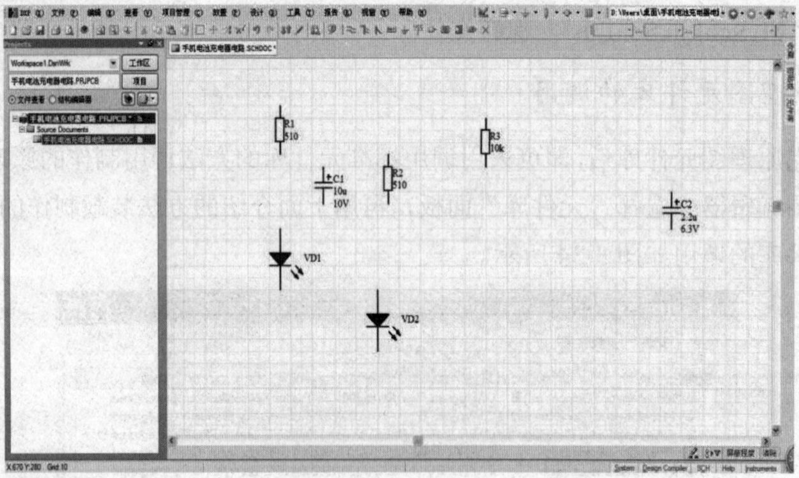

图 3-35 电路元件放置

3.4.4 电路连接

执行菜单“放置”/“导线”命令。参照原理图，将各器件连接起来。完成电路图如图 3-36 所示。

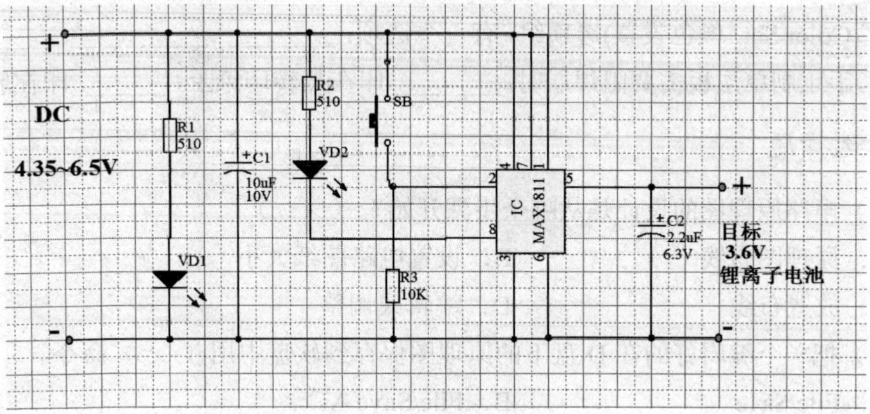

图 3-36　绘制好的原理图

项目小结

本章结合手机锂离子电池充电器电路的原理图的绘制，介绍了简单电路原理图的绘制方法及工具栏的基本使用；主要包括原理图设计步骤、设置原理图图纸参数、放置元件与设置元件属性、元件库的加载、常用元件的查找和放置以及新原件原理图库设计等内容。

通过本章学习，读者需要掌握以下知识点。

（1）原理图设计步骤。

（2）新建项目及原理图文件方法。

（3）原理图图纸设置方法。

（4）装载元件库方法。

（5）放置元件及元件属性设置方法。

（6）放置导线及导线属性设置方法。

（7）放置电源和接地符号的方法。

（8）改变视窗及编辑对象方法。

项目练习

1. 填空题

（1）工作区面板可以通过________、__________或__________显示方式适应桌面工作环境。

（2）在 Page Setup 页面设置中，默认的比例模式设置为________。

（3）Color Set（颜色设置)选项组，有三个选项：________、________、________。

（4）手工制单层板需要阻焊层时，________印在热转印纸上，________印在胶片上。

2. 选择题

（1）电路原理图的设计是从哪个步骤开始？（　　）

A．原理图布线　　B．设置电路图纸大小

C．放置布线　　D．编辑或调整

（2）把一个编辑好的在 D 盘下的原理图保存到软盘中用（　　）命令。

A．File/Save　　B．File/Save As…

C．File/Save All　　D．Edit/Save

（3）原理图中将浮动元件逆时针旋转 90 度，要用到下面哪个键？（　　）

A．X 键　　B．Y 键

C．Shift 键　　D．Space 键

（4）Wiring tools 工具栏和 Drawing tools 工具栏都有画直线的工具，其区别是（　　）。

A．都没有电气关系　　B．前有电气关系后者没有

C．后有电气关系前者没有　　D．都有电气关系

（5）．SCH 不可以完成的工作是（　　）。

A．自动布线　　B．画导线

C．插入文字标注　　D．元件移动

3. 判断题

（1）在 Protel DXP 中用户只能单独完成设计项目，不能通过网络完成设计项目。（　　）

（2）按组合键 Alt+F4 可以关闭 protel DXP。（　　）

（3）在 Protel DXP 中不建立项目文件也可以新建原理图文件。（　　）

（4）在 Protel DXP 中一定要建立项目后才可以新建原理图文件。（　　）

4. 简答题

（1）简述建立项目文件的流程。

（2）简述建立原理图文件的流程。

5. 拓展练习

（1）绘制如图 3-37 所示的多谐振荡器电路原理图。

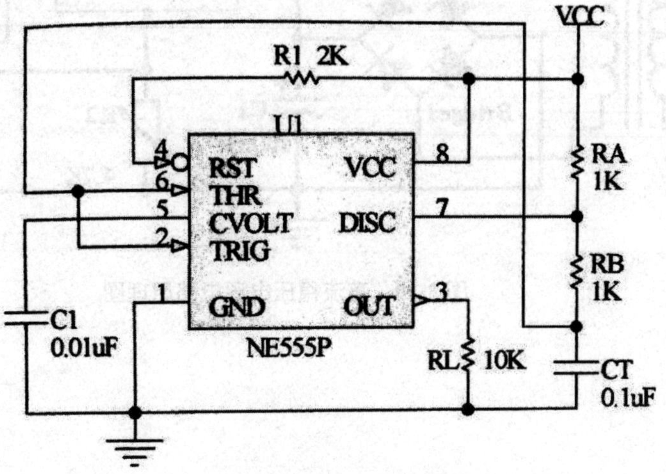

图 3-37　多谐振荡器电路原理图

（2）绘制如图 3-38 所示的多级放大器电路原理图。

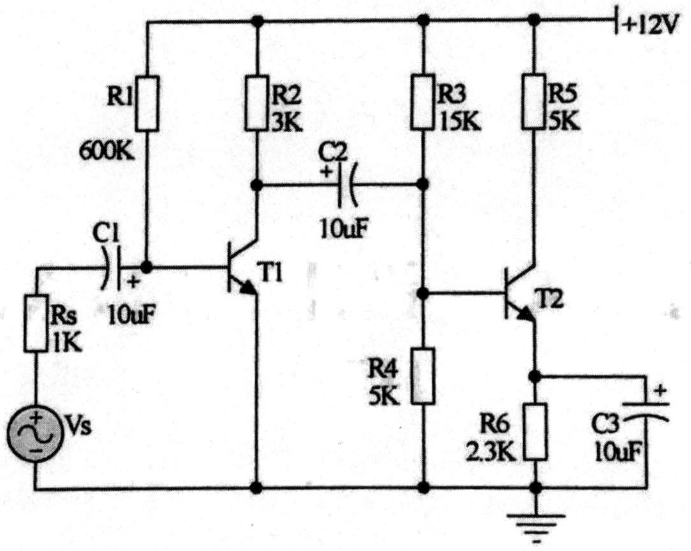

图 3-28　多级放大器电路原理图

（3）绘制如图 3-39 所示的直流稳压电源电路原理图。

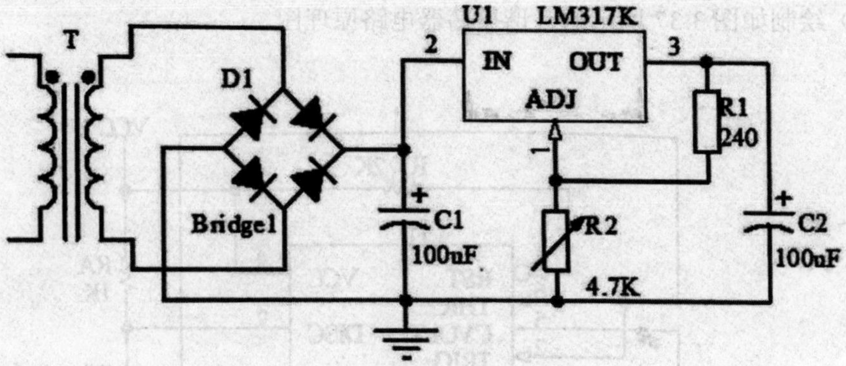

图 3-39　直流稳压电源电路原理图

项目4 74LS 系列元件的设计

4.1 项目分析

Protel DXP 2004 为用户提供了非常丰富的元器件库，其中包含了世界著名的大公司生产的各种常用的元器件六万多种。但是在电子技术日新月异的今天，每天都会诞生新的元器件，所以用户在绘制原理图的过程中，会经常遇到器件查找不到的情况或是库中的器件和需要的元件外观不一样。那该怎么办呢？

当需要使用系统没有提供的元器件时，用户可以自己绘制完成。Protel DXP 2004 提供了强大的元件编辑功能，用户可以根据自己的要求修改系统提供的元件，也可以创建一个新的元器件。

下面通过实例介绍如何创建元件库，以及如何在库中创建元件。

4.2 项目要求与能力目标

【项目要求】

要求创建一个元件库文件“74XX.schlib”，按照如下要求在其中创建元件：

创建一个 3-8 译码器元件 74LS138，该元件共包含 16 个引脚，各引脚 I/O 属性如下：1、2、3、4、5、6 引脚是 input 引脚；7、9、10、11、12、13、14、15 是 output 引脚；8 和 16 是 power 引脚，属性为隐藏。如图 4-1 所示 。

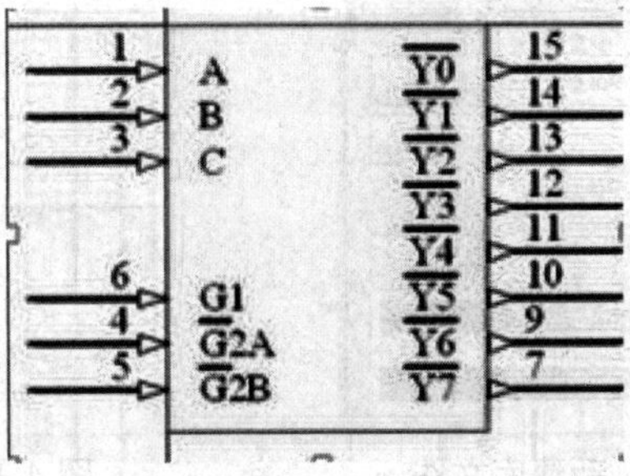

图 4-1　74LS138

【能力目标】

通过完成“74LS 系列元件的设计”的任务，可以培养以下能力。

- 熟悉原理图库文件编辑器的环境;
- 掌握创建库文件和元件的方法;
- 掌握创建各种原理图符号的方法;
- 掌握打开元件库文件并向其中添加元件;
- 掌握创建包含多个子件的元件的方法;
- 掌握如何设置元件的封装。

4.3 项目准备

4.3.1 新建库文件

执行“文件”/“创建”/“库”/“原理图库”，即可创建一个原理图库文件。保存为“74XX.schlib”。如图 4-2 所示。

双击库文件名“74XX.SCHLIB”，打开库文件。此时窗口的右边就是库文件的编辑界面。工作窗口上浮动着一个名为“SCH Library”的工作面板，该面板的主要是对原理图元件库中的元件进行管理。如图 4-3 所示。

图 4-2 新建库文件

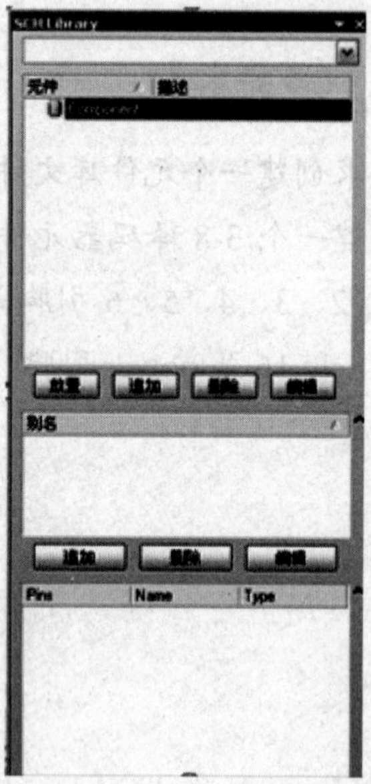

图 4-3 “SCH Library”的工作面板

4.3.2　创建元件

执行“工具”/“新元件”，将弹出一个“New Component Name 对话框”，在其中输入要创建的元件名字“74LS138”。如图 4-4 所示。

该命令的执行也可以通过单击“SCH Library”工作面板上的“追加”按钮执行。

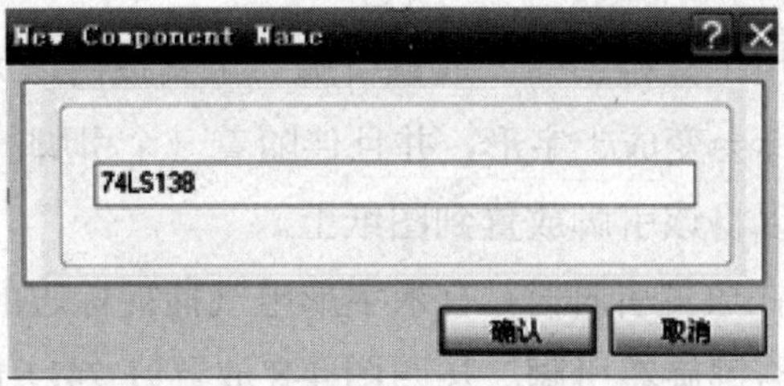

图 4-5　New Component Name 对话框

4.3.3　矩形框的绘制

下面在图纸上绘制 74LS138 的矩形框。

步骤 1： 单击实用工具栏上的“放置矩形”按钮，如图 4-5 所示。

步骤 2： 移动鼠标到图纸的参考点上，在第四象限的原点处单击鼠标确定矩形的左上角点。

步骤 3： 拖动光标画出一个矩形，再次单击确定矩形的右下角点，如图 4-6 所示。

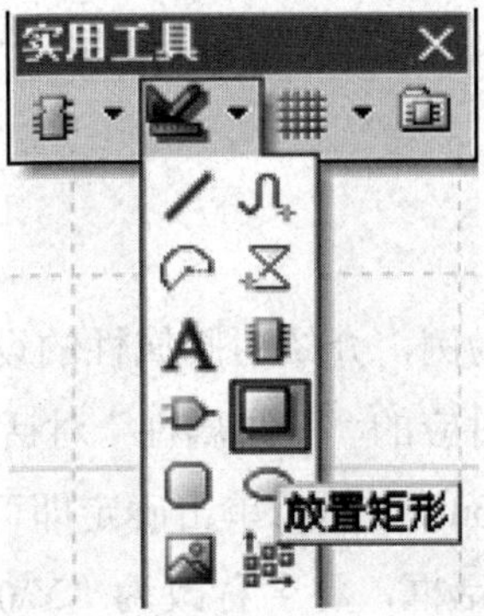

图 4-5　“绘图工具栏”上的矩形工具

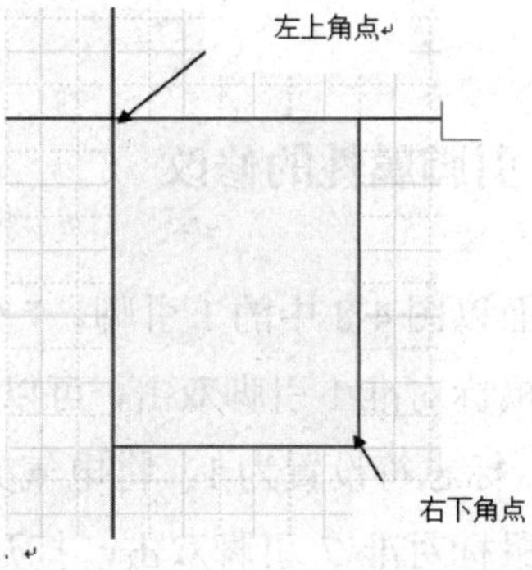

图 4-6　矩形框

【知识链接】矩形框属性的改变

双击矩形框，可以打开它的属性对话框，可以在其中修改矩形框的“边缘色”和“边框宽”，还可以改变矩形框的“填充色”，设置是否“透明”。矩形框的大小可以通过左下角点和右上角点的坐标来精确修改。

4.3.4 引脚的放置

步骤 1：单击使用工具栏上的“放置引脚”工具按钮，如图 4-7 所示。

步骤 2：此时光标会变成十字形，并且伴随着一个引脚的浮动虚影，移动光标到目标位置，单击就可以将该引脚放置到图纸上。

需要注意的是，在放置引脚时，有米字形电气捕捉标志的一端应该是朝外的。在放置过程中可以按空格键旋转引脚。按照图 4-8 放置好 74LS138 的所有 16 个引脚。

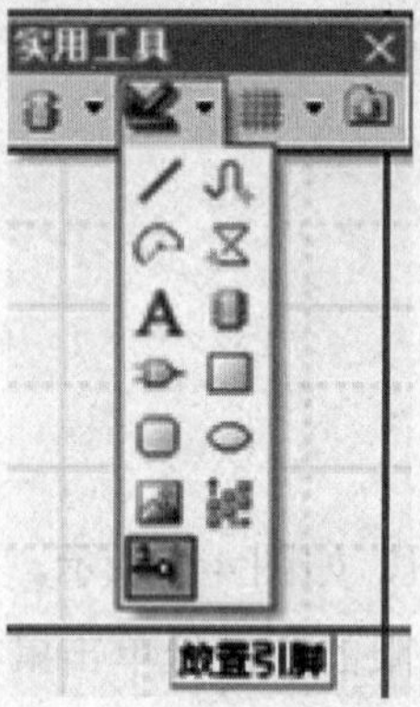

图 4-7 “放置引脚”工具按钮

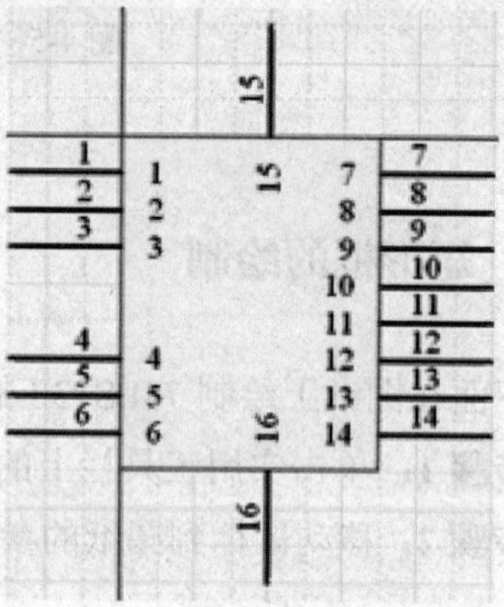

图 4-8 放置好引脚的 74LS138

4.3.5 引脚属性的修改

下面以图 4-8 中的 1 引脚、7 引脚、15 引脚为例，介绍引脚属性的设置。

将鼠标对准 1 引脚双击，可以打开该引脚所对应的“引脚属性”对话框。将名称改为 A，标志符设置为 1，将电气类型设置为“input”。然后单击确定即可。

将鼠标对准 7 引脚双击，打开引脚的属性对话框，将名称改为“Y\0\”，将标志符设置为 15，将电气类型设置为“output”。然后单击确定即可。

将鼠标对准 15 引脚单击，打开引脚属性对话框，将名称设置为 VCC，标志符设置为 16，电气类型设置为“Power”。单击选中“隐藏”后的复选框，将该引脚设置为隐藏。隐藏的引脚将变得不可见。

按照以上方法，将所有引脚属性设置完毕，如图 4-9 所示。

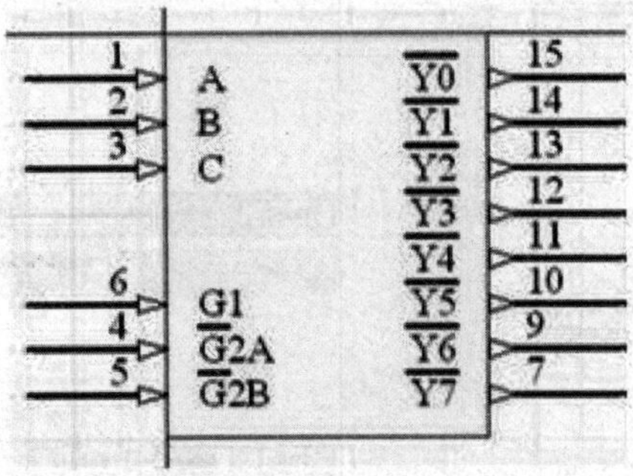

图 4-9　设置好引脚属性的 74LS138

【知识链接】引脚属性的修改

当引脚处于放置的悬浮状态时，按下 Tab 键，将打开它的属性对话框。可以在其中对它的属性进行修改。

当需要连续放置多个编号连续的引脚时，这种方法比较快捷。因为它的编号会自动增 1，而其他属性不变。

4.3.6　74LS138 元件属性的设置

步骤 1： 单击“SCH Library”工作面板上的“编辑”按钮，将打开元件属性设置对话框。

步骤 2： 在该对话框中，将“Default”（元件的默认编号）设置为“U？”，将“注释”设置为“74LS138”。

步骤 3： 对话框下方的“库参考”“描述”“类型”“模式”等设置默认形式即可，如图 4-10 所示。

步骤 4： 单击“确定”，完成 74LS138 元件属性的设置。

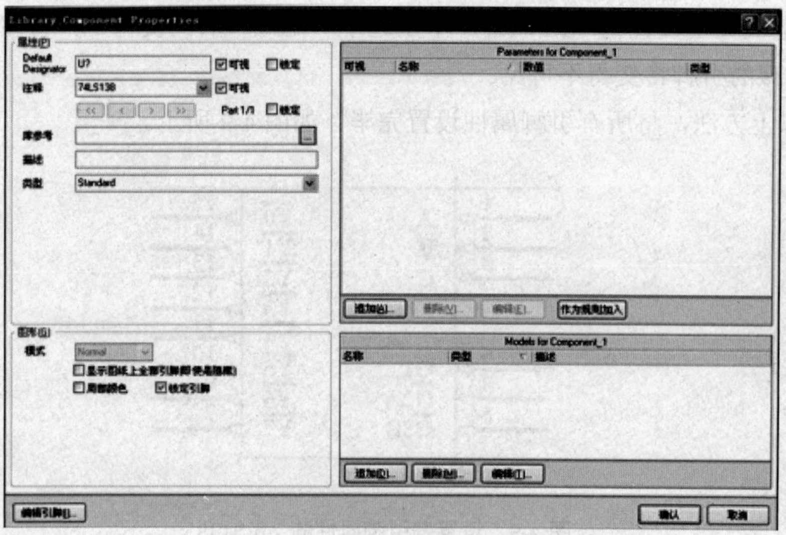

图 4-10　元件属性设置对话框

【知识链接】

在设计一个元件的过程中，要特别注意每个引脚的属性。尤其是电气特性等属性一定要和元件的具体情况相符合，否则在其后的 ERC 检查或仿真过程中，可能会产生各种各样的错误。

4.4　项目实施

74LS00 元件的设计：打开上面所创建的元件库“74XX.schlib”，在其中添加一个名为 74LS00 的器件，该器件包含 4 个子件，如图 4-11 所示。

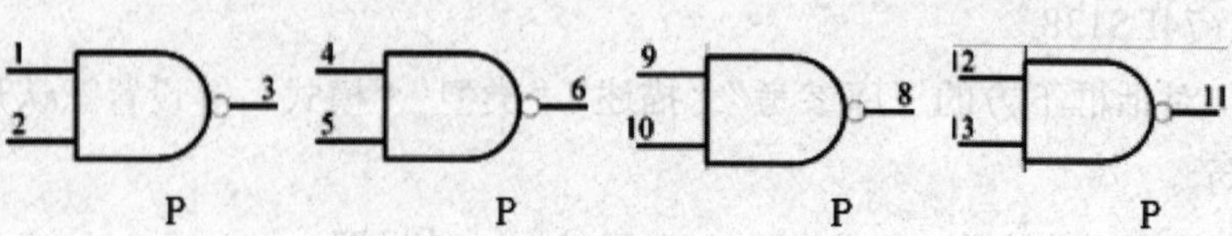

图 4-11　74LS00 的器件

1、2、4、5、9、10、12、13 引脚为输入；3、6、8、11 引脚是输出。另外有一个电源引脚 VCC，编号为 14；一个接地引脚 GND，编号为 7。

其执行步骤如下。

4.4.1　打开文件

步骤 1： 打开库文件“74XX.SCHLIB”。

步骤 2： 打开单项训练 7 中所建立的库文件“74XX.SCHLIB”。

4.4.2　新建元件“74LS00”

步骤 1： 执行“工具”/“新元件”。

步骤 2： 在弹出的“New Component Name”对话框中输入新建元件的名字“74LS00”。如图 4-12 所示。

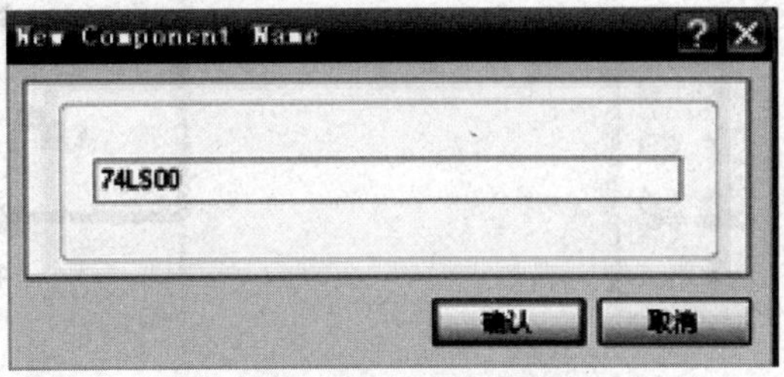

图 4-12　新建元件对话框

4.4.3　Part A 的绘制

Part A 由三根直线和一个圆弧所构成，绘制过程如下。

绘制直线： 单击实用工具栏上的放置直线按钮，如图 4-13 所示。移动光标到图纸中，1 次单击确定直线的起点；然后拖动鼠标到合适的位置，2 次单击确定直线的拐点，再次移动鼠标在第 3 处单击确定拐点，以此类推，完成如图 4-14 图形的绘制。

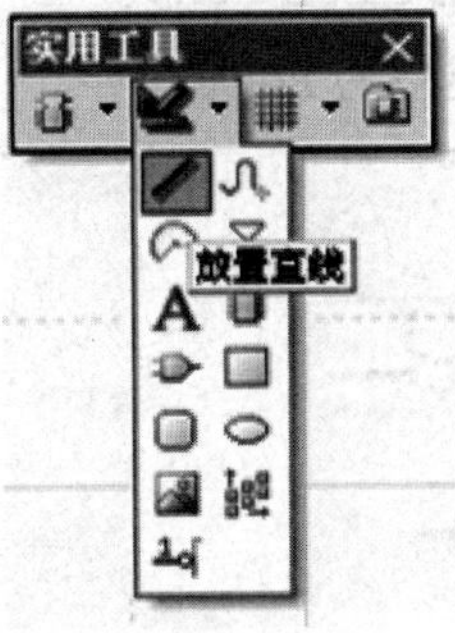

图 4-13　放置直线按钮

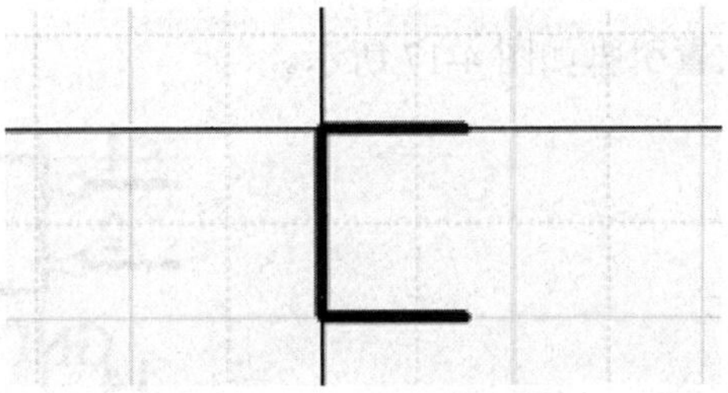

图 4-14　绘制直线效果

绘制圆弧：单击工具栏上“放置椭圆弧”按钮，如图 4-15 所示。然后移动鼠标到如图 4-16 所示的 1 点单击确定圆心，然后将鼠标移动到 2 点单击确定圆弧的长轴半径（2 次单击点距离圆心距离），移动到 3 点单击确定短轴半径（3 次单击点距离圆心的距离，长轴半径和短轴半径是一样的），移动到 3 点单击确定圆弧的起点，2 处单击确定圆弧的终点。右键退出。

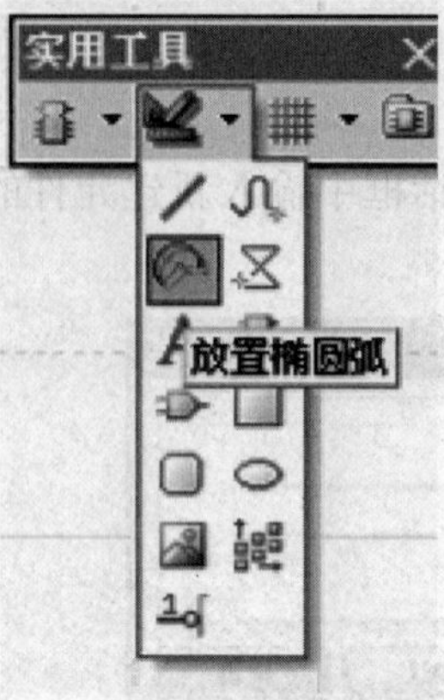

图 4-15 “放置椭圆弧”按钮

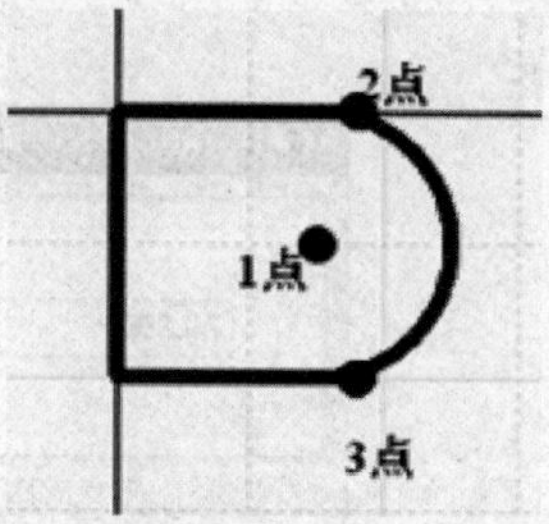

图 4-16 确定圆心

放置引脚：参照图 4-11，放置三个引脚。

➢ 引脚 1，设置为不可视，标志符设置为 1，电气类型为 input。

➢ 引脚 2，设置为不可视，标志符设置为 2，电气类型为 input。

➢ 引脚 3，设置为不可视，标志符设置为 3，电气类型为 output；外部边缘设置为 dot。

因为元件还有电源引脚，所以还需要放置两个电源引脚：

➢ 14 引脚：名称为 VCC，标志符为 14，电气类型为 Power。

➢ 7 引脚：名称为 GND，标志符为 7，电气类型为 Power。

放置引脚如图 4-17 所示。

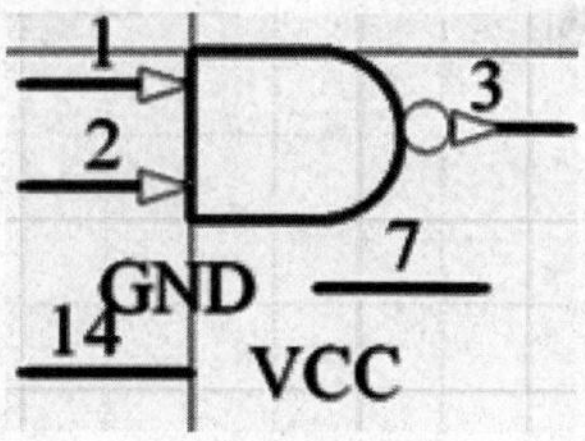

图 4-17 放置引脚

4.4.4　Part B 的绘制

执行"工具"/"创建元件"，系统会再次自动打开一个工作区，同时在"SCH Library"工作面板中可以看到元件 74LS00 有了两个子件了，即 Part A 和 Part B。如图 4-18 所示。

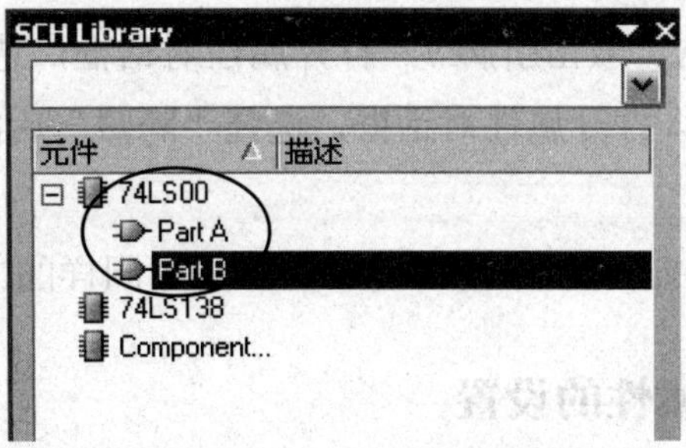

图 4-18　"SCH Library" 工作面板

Part B 和 Part A 的区别仅仅是元件引脚的不同，因此只需要将 Part A 选中后复制，在 Part B 中粘贴，然后改变元件引脚编号即可。

切换到 Part A：单击 SCH Library 面板中的 Part A，就可以切换到 Part A 中了。选中 Part A 全部，然后执行"编辑"/"复制"。

切换到 Part B：单击 SCH Library 面板中的 Part B，执行"编辑"/"粘贴"，就将 Part A 选中粘贴过来了。

将 Part B 中各引脚的标志符按照图 4-19 进行修改。

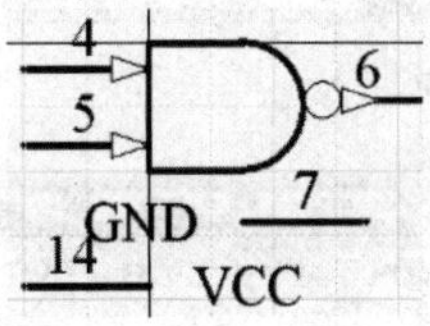

图 4-19　Part B

4.4.5　PartC、Part D 的绘制

按照上述方法，完成 Part C、Part D 的绘制，如图 4-20 和图 4-21 所示。

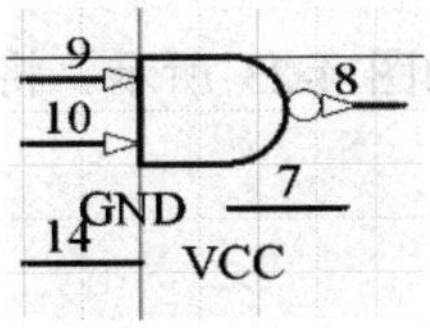

图 4-20　Part C

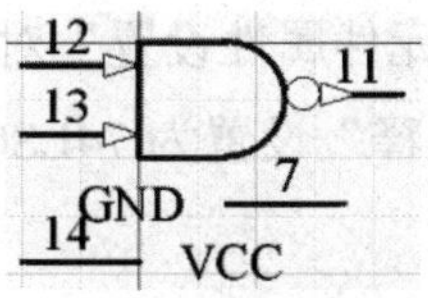

图 4-21　Part D

4.4.6 隐藏引脚的设置

在元件 74LS00 中，电源引脚 7 和 14 是隐藏的，所以下面将四个子件中的电源引脚 7 和 14 设置为隐藏。

（1）切换到 Part A，双击引脚 7，打开属性对话框，选择“隐藏”后的复选框。

（2）双击引脚 14，打开属性对话框，选择“隐藏”后的复选框，就可以将两个隐藏了。

（3）分别切换到 Part B、Part C、Part D，采用同样的方法，将引脚 7 和 14 隐藏。

4.4.7 74LS00 元件属性的设置

步骤 1：双击“SCH Library”面板上的“编辑”按钮，如图 4-22 所示。

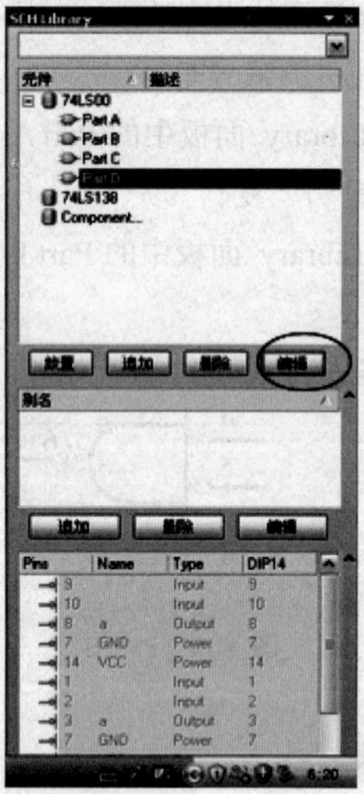

图 4-22 “SCH Library”面板

步骤 2：打开“元件属性设置”对话框，如图 4-23 所示。将元件的“Default”设置为“U？”，将“注释”设置为 74LS00。

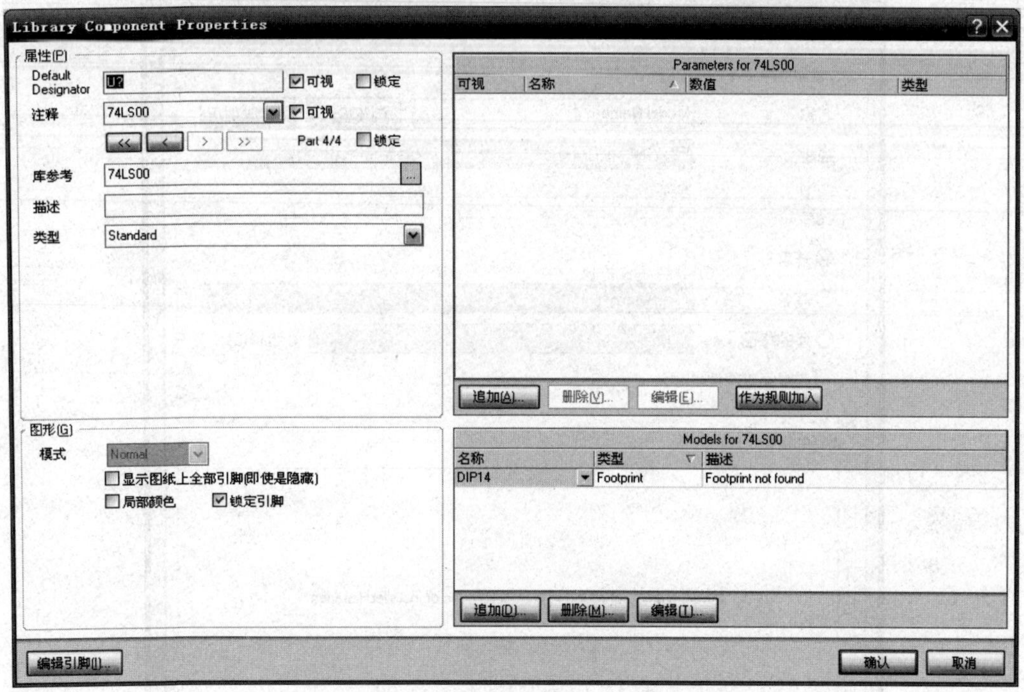

图 4-23　“元件属性设置”对话框

步骤 3： 单击右下角的“追加”按钮，打开如图 4-24 所示的对话框。

图 4-24　“追加”对话框

步骤 4： 选择 FootPrint，单击“确认”按钮，弹出如图 4-25 所示的“PCB 模型”对话框。将名称设置为 DIP14，表示将元件的封装设置为 DIP14 了。

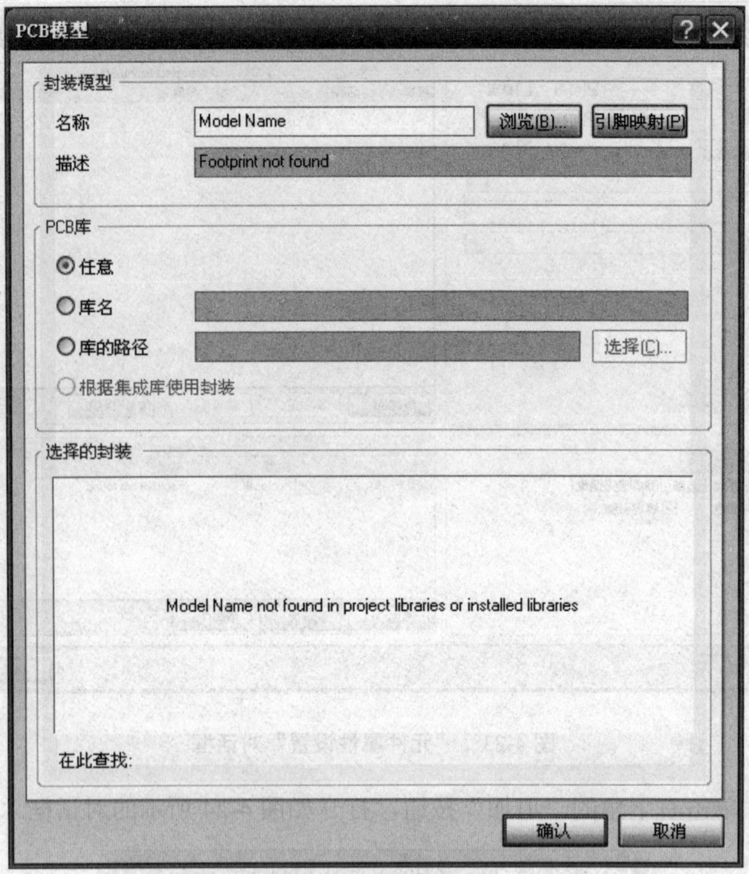

图 4-25 “PCB 模型”对话框

至此，包含 4 个子件的 74LS00 就绘制完成了。

项目小结

本项目主要介绍了绘制一个具有多个子件的元件。其包含若干个子件的元件常见于 TTL 集成门电路中，如 74LS00 包含了 4 个与非门；74LS20 包含了 2 个与非门的；74LS08 包含了 4 个与门；74LS32 包含了 4 个或门；74LS04 包含了 6 个非门。通常第一部分称为 Part A，第二部分称为 Part B……，以此类推。

在绘制元件的过程中，注意“工具”菜单中两个子菜单的区别，即“新元件”和“创建元件”（有的汉化版翻译成“创建子件”），前者是创建一个新的元件，后者是创建该元件中的一个子件。

项目练习

打开单项训练 7 中所创建的元件库“74XX. schlib”，在其中添加一个名为 74F74D 的器件，该器件包含 2 个子件，如图 4-26 所示。

1（Part A 下方的引脚）、2、3、4、10、11、12、13（Part B 下方的引脚）引脚为输入；5、6、8、9 引脚是输出。另外，有一个电源引脚 14 为 VCC 和一个接地引脚 7 为 GND，7 和 14 是隐藏引脚。

将元件的封装设置为 DIP14。

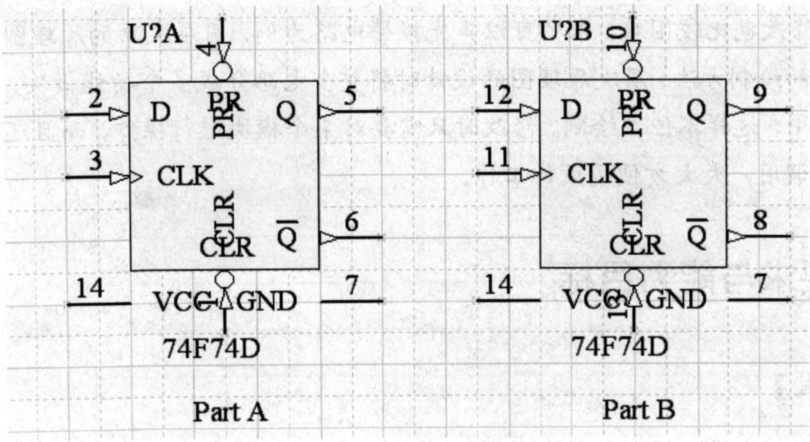

图 4-26　元件 74F74D

项目 5　层次原理图设计

5.1　项目分析

在大规模电路系统的设计中，不可能将整个原理图画在一张图纸上，否则原理图过于庞大，查错和修改也比较困难。本项目以声光报警电路为例，用层次画的原理图设计介绍复杂电路图的绘制方法。层次原理图的设计时将整个电路分成多个功能模块，分别绘制在多张图纸中，这样不但在绘制、修改时只需要对某个模块进行操作，而且还可以实现模块的重复调用，大大方便了设计工作。

5.2　项目要求与能力目标

【项目要求】

将图 5-1 所示的声光报警电路用自上而下的层次原理图设计方法绘制出来。

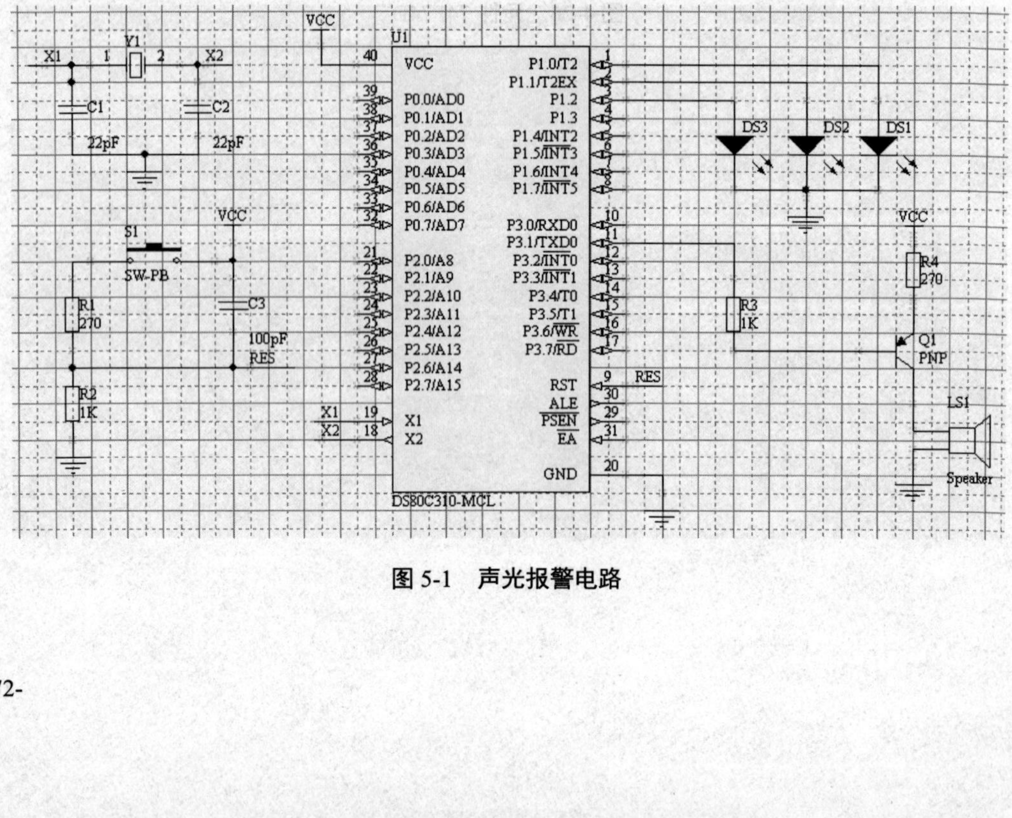

图 5-1　声光报警电路

将图 5-2 所示的信号发生器电路用自下而上的层次原理图设计方法绘制出来。

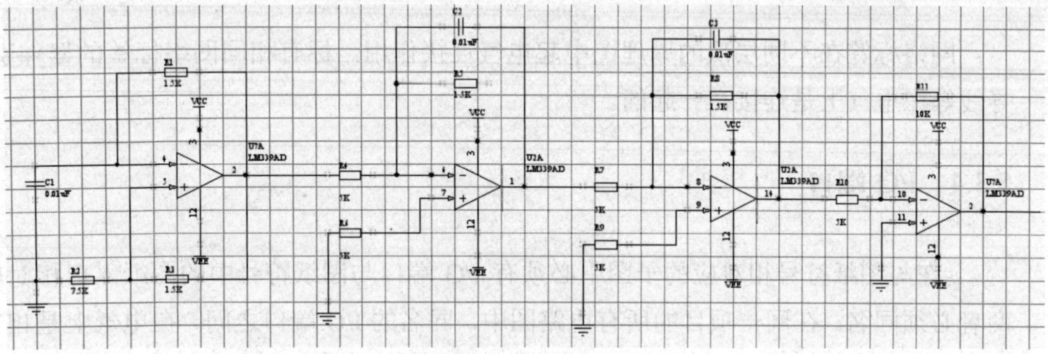

图 5-2　信号发生器电路

【能力目标】

通过完成“层次原理图设计”的任务，可以培养以下能力。

- ➢ 掌握层次原理图的相关概念；
- ➢ 掌握层次原理图的设计方法；
- ➢ 掌握层次原理图之间的切换。

5.3　项目准备

层次原理图设计有以下几个基本概念。

5.3.1　图纸符号

图纸符号表示母图下层的子图，是各个模块原理图的简化符号。每个图纸符号都与特定的子图相对应，代表相应的模块原理图。电路原理图中的图纸符号是与该图纸符号相对应的原理图（即子图）一一对应的，并且图纸符号的内部一般要有图纸入口。

5.3.2　图纸入口

一个图纸符号代表了一张子图，而图纸入口代表一个子原理图和其他子原理图相连接的端口。

5.3.3 网络标签

网络标签在不同层次的原理图中起电气连接作用，标有相同网络标签的器件引脚、导线等在电气上是连接在一起的。

5.3.4 I/O 端口

在与图纸符号相对应的子图中必须有 I/O 端口与图纸符号中的图纸入口相对应，两者必须同名。在同一项目的所有电路图中，同名的 I/O 端口之间，在电气上是相互连接的。

层次原理图的相关符号如图 5-3 所示。

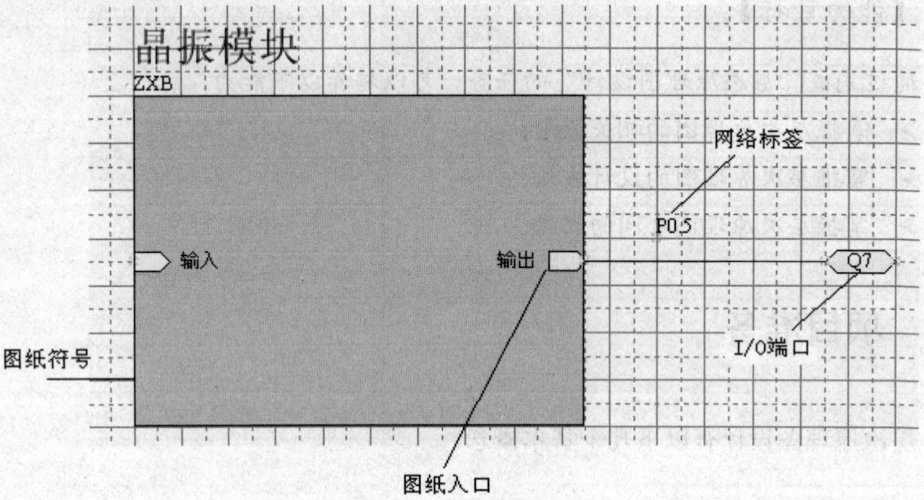

图 5-3 层次原理图的相关符号

5.4 项目实施

5.4.1 声光报警电路的绘制（自上而下设计）

自上而下的设计，即由图纸符号产生子原理图。先根据电路结构，将整个电路原理图划分为不同的功能模块，然后绘制包含图纸符号（代表子图）的母图，并通过母图表示各个子模块间的电气连接关系，再由母图中的各个图纸符号创建与之对应的子原理图，最终完成整个系统原理图的设计。

1. 新建项目文件

项目文件的建立是为了保证层次原理图每个模块能正常切换的基础，因此层次原理图设计之前必须要新建项目文件。

单击“文件”→“项目”→单击“PCB 项目”创建项目文件，并以“声光报警电路.PRJPCB”保存。如图 5-4 所示。

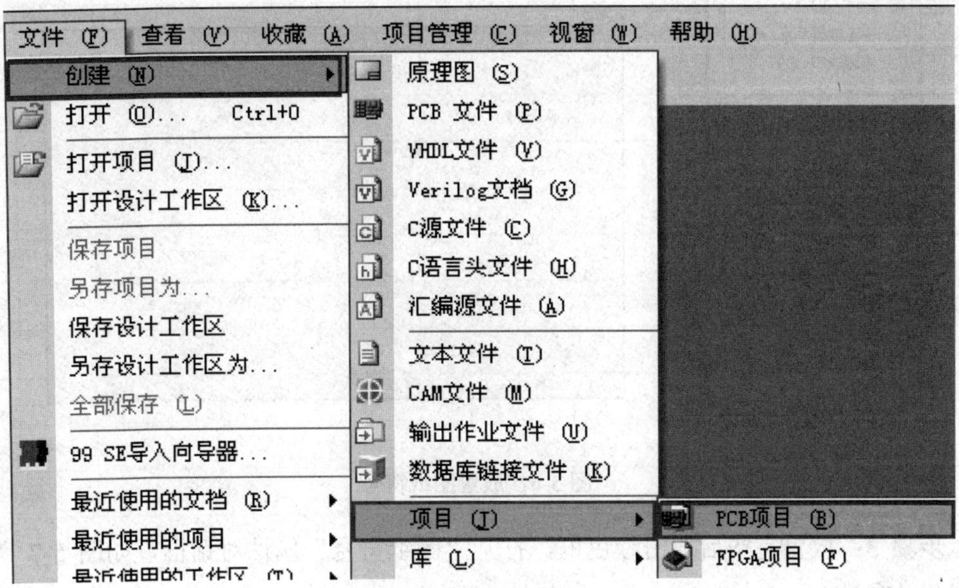

图 5-4　创建项目文件

2. 绘制母图

步骤 1：新建原理图文件，保存为：声光报警电路.Schdoc，如图 5-5 所示。

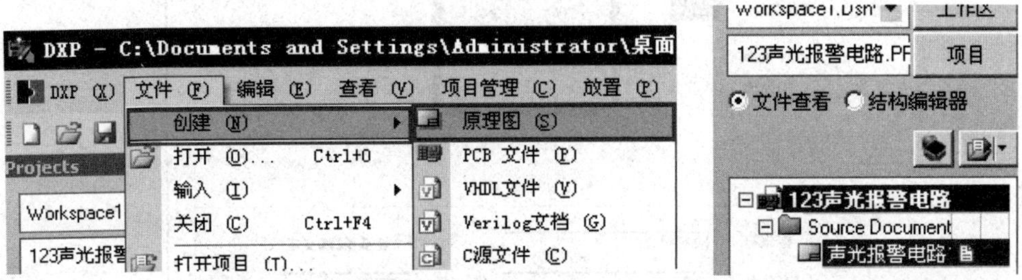

图 5-5　新建原理图文件

步骤 2：放置图纸符号。选择菜单命令“放置”→“图纸符号”或单击“配线”工具栏中的放置图纸符号按钮进入放置图纸符号命令状态。出现一个粘附着图纸虚影的十字光标。将光标移动到合适位置，单击鼠标左键确定图纸符号的左上顶点，然后移动鼠标，在右下合适位置再次单击左键，确定图纸符号的右下顶点，完成图纸符号的放置。如图 5-6 所示。

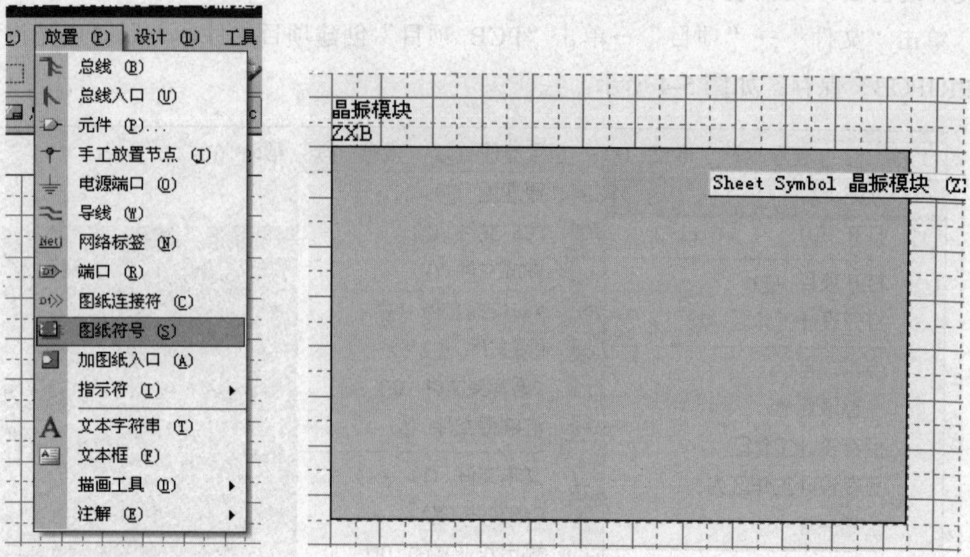

图 5-6　放置图纸符号

步骤 3：放置完毕后双击绿色框，打开“图纸符号”属性对话框，如图 5-7 所示，设置相关参数。

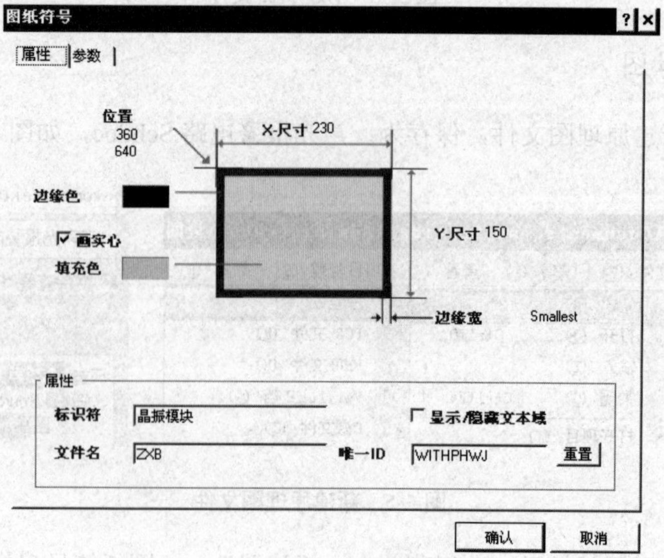

图 5-7　图纸符号参数设定

其相关参数如下。

标识符：图纸符号（子电路图）名称。其作用与普通电路原理图中的元件标识符相似，是层次原理图中用来标识图纸符号的唯一标志。

文件名：图纸符号所代表的下层子原理图的文件名。

唯一 ID：系统给出的编号，一般不用修改。

画实心：选中该复选框，使用填充色设定的颜色填充，一般选用系统默认设置。

填充色：图纸符号内部的填充颜色。

位置：设置图纸符号在原理图上的 X 和 Y 坐标。

X-尺寸、Y-尺寸：设置该图纸符号宽度和高度。

边缘宽：设置图纸符号边框线的宽度。

属性设置完成后，单击“确认”按钮，返回图纸符号放置状态。继续放置其他图纸符号，所有图纸符号放置完毕后，按鼠标右键或“Esc”键退出放置状态。

步骤 4：放置图纸入口。选择菜单命令“放置”→“图纸入口”或单击“配线”工具栏中的放置图纸入口按钮进入放置图纸入口命令状态，出现十字光标。移动光标至图纸符号内合适位置，单击左键，光标上见粘附一个图纸入口，随光标移动，图纸入口将沿图纸符号边缘移动。如图 5-8 所示。

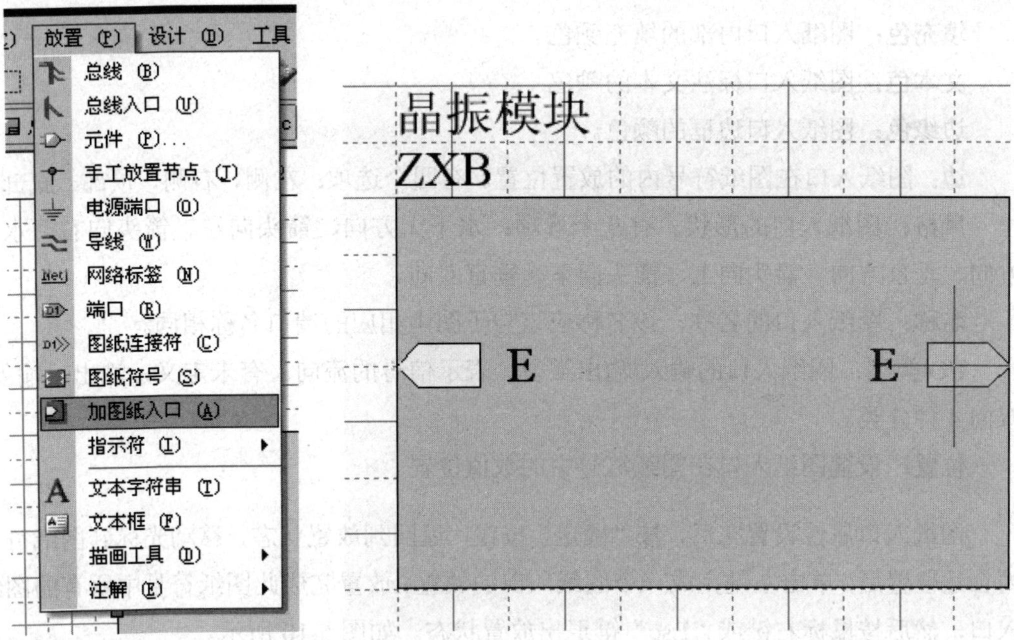

图 5-8　加图纸入口

按“Tab”键打开“图纸入口”属性对话框，如图 5-9 所示，设置相关参数。

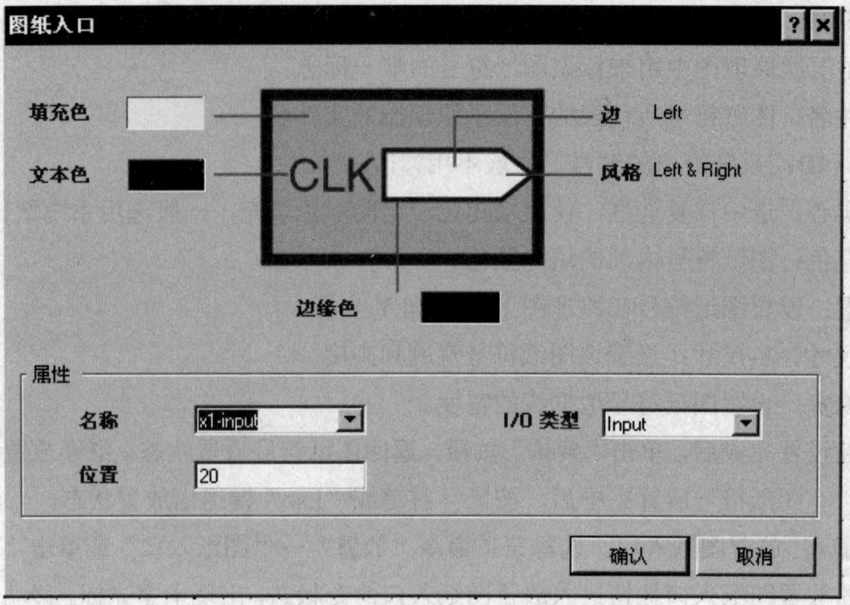

图 5-9　图纸入口相关参数设置

其相关参数如下：

填充色：图纸入口内部的填充颜色。

文本色：图纸入口标注文本的颜色

边缘色：图纸入口边框的颜色。

边：图纸入口在图纸符号内的放置位置。有四个选项：左侧、右侧、顶部、底部。

风格：图纸入口的形状。有八个选项：水平无方向、箭头向左、箭头向右、水平方向、垂直方向、箭头向上、箭头向下、垂直双向。

名称：图纸入口的名称，该名称应该与子图中相应的端口名称相同。

I/O 类型：图纸入口的输入/输出类型，表示信号的流向。有未定义、输出、输入、双向 4 种分类。

位置：设置图纸入口在图纸符号中的数值位置。

图纸入口属性设置完后，按“确定”按钮，返回到放置状态，移动光标到图纸符号内合适位置后，单击左键完成一个图纸入口的放置。放置完成此图纸符号中所有的图纸入口，然后按鼠标右键或“Esc”键退出放置状态。如图 5-10 所示。

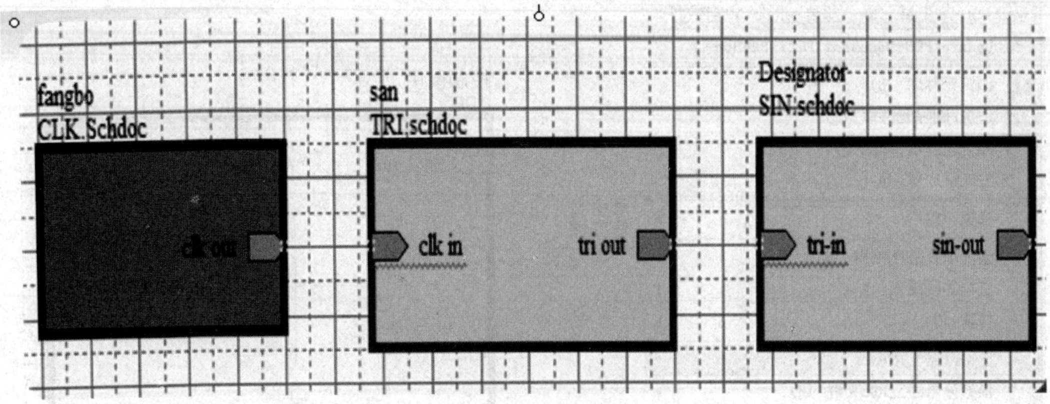

图 5-10　放置设置好参数的图纸入口

步骤 5：放置电路端口。调整布局，绘制导线。将具有电气连接意义的图纸符号从图纸入口处用导线连接或总线连接起来，完成原理图母图的绘制，如图 5-11 所示。

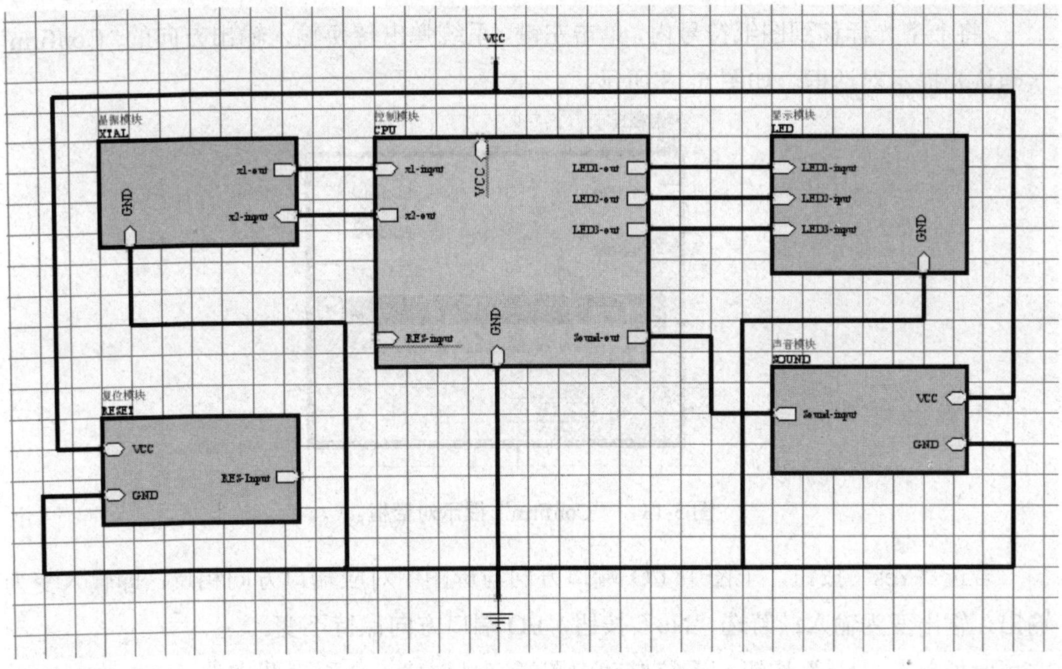

图 5-11　绘制完整的母图

3. 创建及绘制子图

步骤 1：根据符号创建图纸。在母图中执行“设计”→“根据符号创建图纸”菜单命令，光标变为十字。如图 5-12 所示

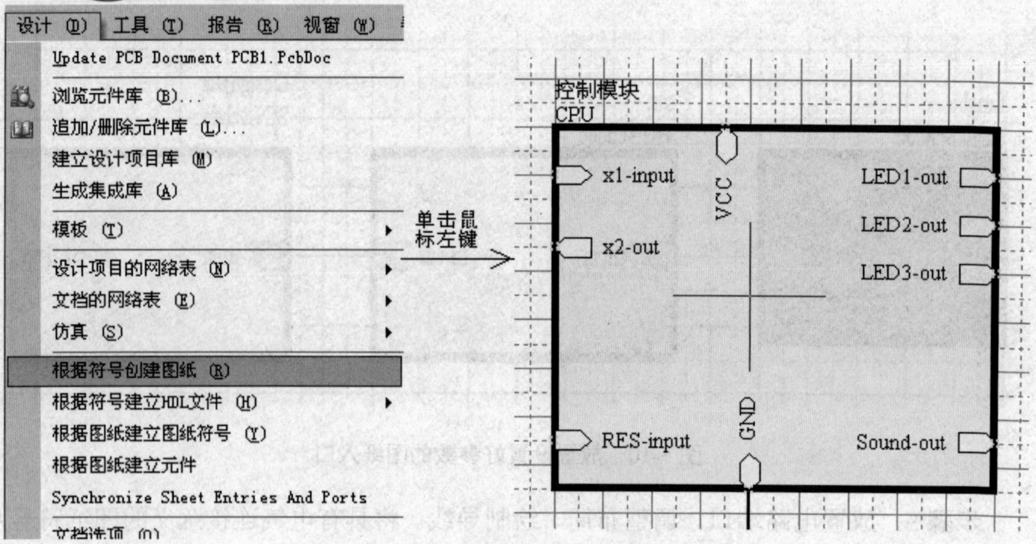

图 5-12　根据符号创建图纸

将十字光标移到图纸符号内，单击左键，系统弹出转换输入输出方向的“Confirm”（确认）提示对话框。如图 5-13 所示。

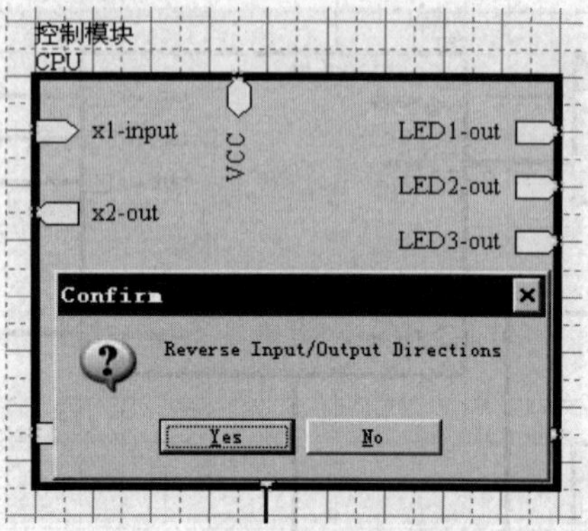

图 5-13　“Confirm”提示对话框。

若选“Yes”按钮，子图中 I/O 端口方向与母图中对应端口方向相反，即输入变为输出，输出变为输入；若选“No”按钮，I/O 端口方向保持不变。

此处单击“No”按钮，系统自动由图纸符号创建一个原理图文件，同时自动产生对应的 I/O 端口。如图 5-14 所示。

图 5-14 子图生成过程

此时需要注意：子图是由系统自动生成出来的，而不是自己创建的，此外子图的名称和母图中子电路图名是保持一致的。

步骤 2： 绘制子图。在自动产生的子图基础上调整 I/O 端口的布局，设置图纸环境，放置相应的元件，并用导线连接，完成子图的绘制，保存该子图文件。用同样的方法完成其他层次原理图子图的绘制并保存，完成整个层次原理图的绘制。如图 5-15 所示。

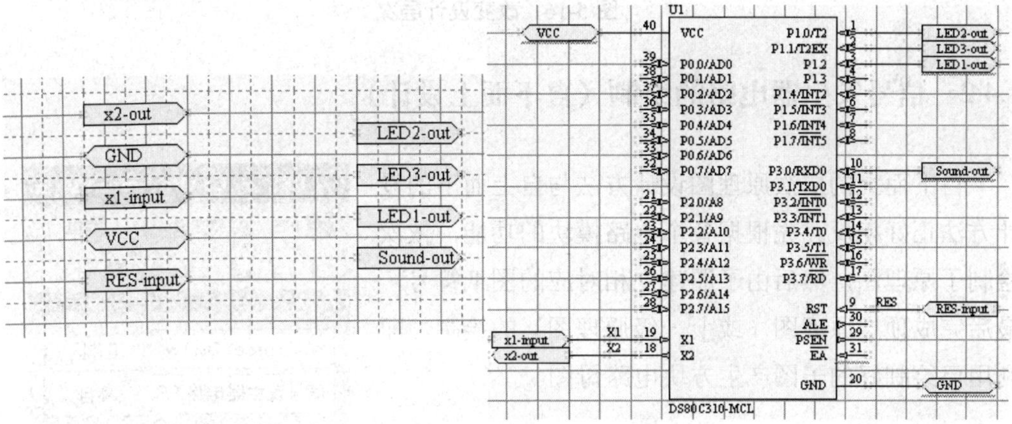

图 5-15 调整 I/O 端口绘制子图

步骤 3： 层次原理图之间的切换。在进行较大规模的电路设计时，往往涉及多张层次原理图，此时需要在具有层次关系的多张原理图之间进行切换并编辑。

由母图切换到子图步骤是：在项目中打开母图文档，执行“工具”→“改变设计层次”。此时，鼠标光标变为十字。移动光标指向母图中的图纸符号中央位置，单击鼠标左键即可切换到需要的子图原理图，并以最大显示模式显示在原理图编辑器环境下。单击鼠标右键退出切换状态，如图 5-16 所示。

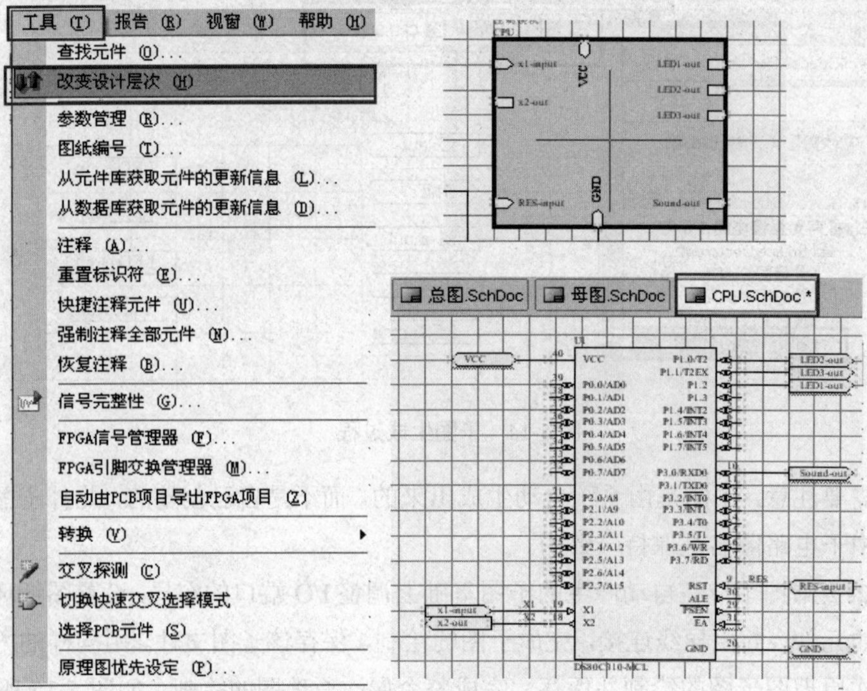

图 5-16　改变设计层次

5.4.2　信号发生器电路的绘制（自下而上设计）

自下而上的层次原理图设计方法与自上而下的设计方法正好相反。先根据各个电路模块的功能，依次绘制子原理图，然后由子图建立相对应的图纸符号，最后完成顶层原理图（或上一级原理图）的绘制，即利用已绘制好的子图产生方块电路母图。

1. 新建一个 PCB 项目文件

新建一个 PCB 项目文件，并在其内创建子原理图文件。如图 5-17 所示。

图 5-17　创建 PCB 项目文件及子原理图文件

2. 绘制子图原理图

在新建的子图文件内绘制相应子原理图，绘制时需添加与各子图连接的I/O端口。如图5-18所示。

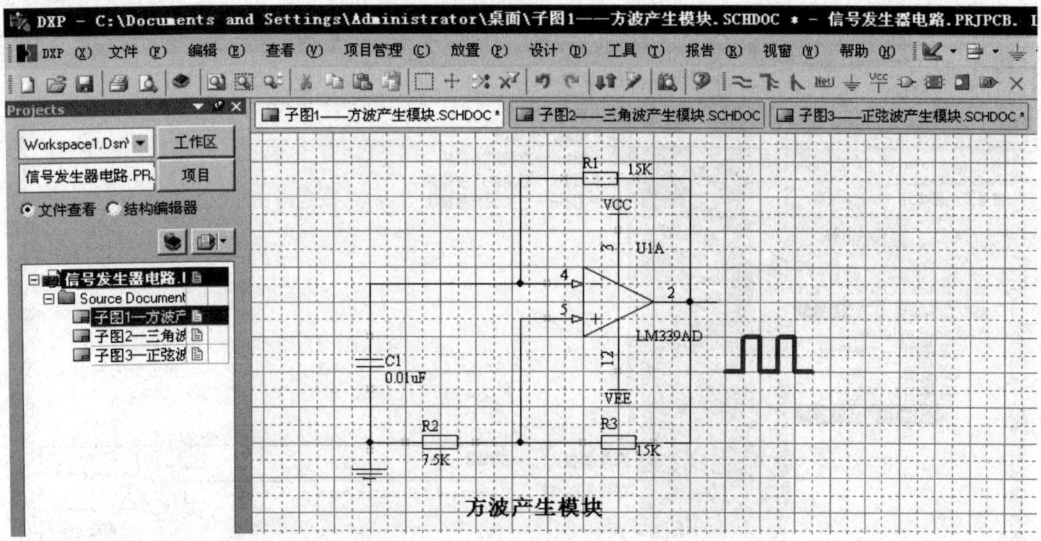

（a）

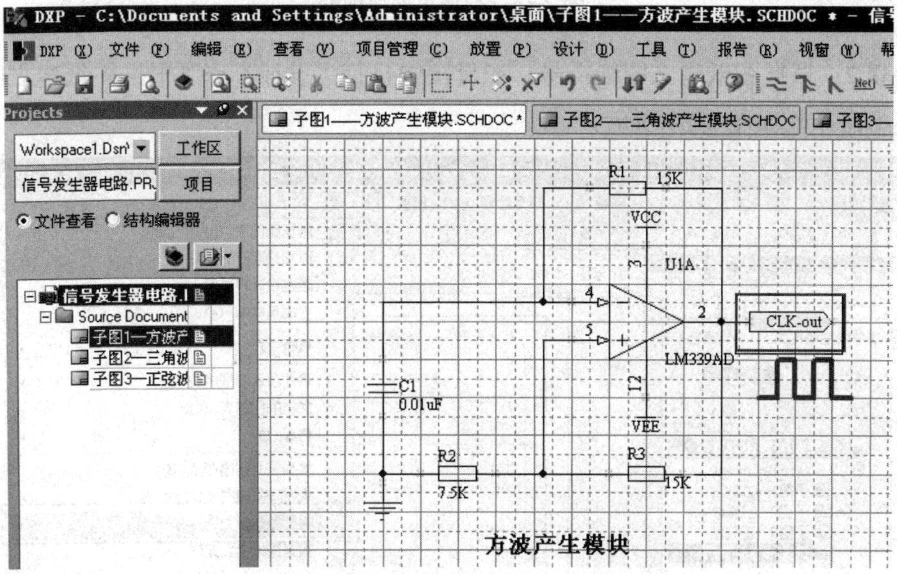

（b）

图5-18　绘制子图并添加I/O端口

3. 生成母图原理图

步骤 1：创建母图原理图。在所有的子图都绘制完成后，在项目文件下新建母图原理图文件并保存。如图 5-19 所示。

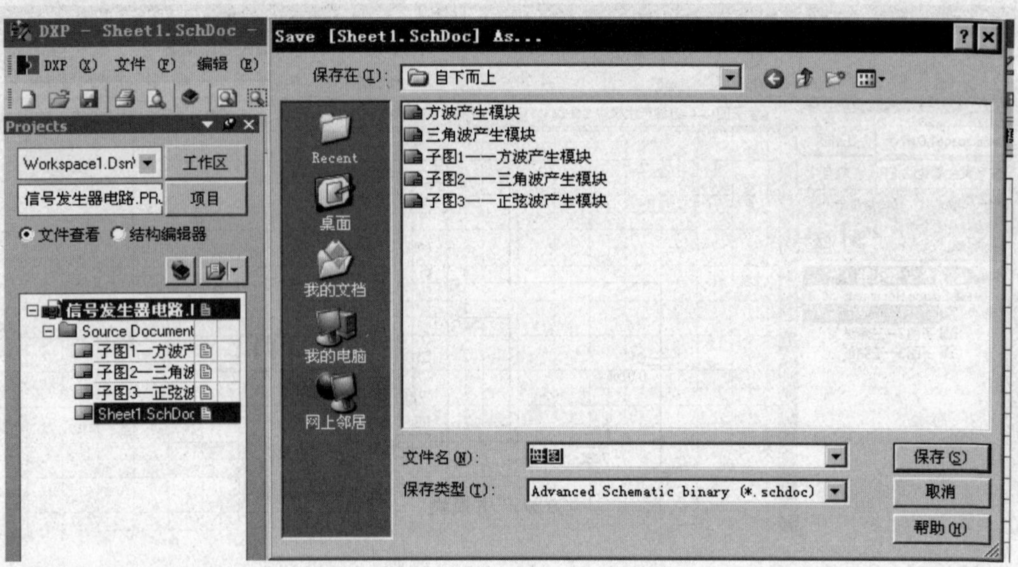

图 5-19 创建母图原理图

步骤 2：根据图纸建立图纸符号。在母图中执行“设计”→“根据图纸建立图纸符号”菜单命令，如图 5-20 所示。

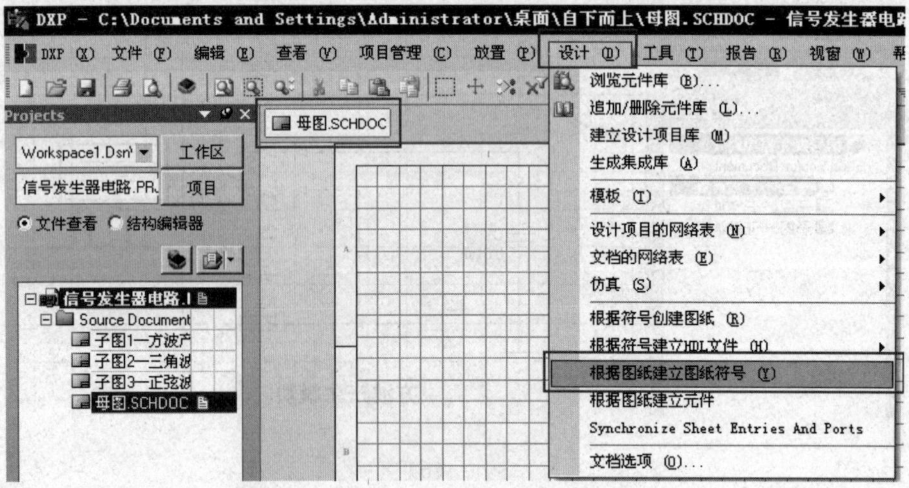

图 5-20 选择“根据图纸建立图纸符号”菜单命令

系统弹出“选择子原理图”对话框。在对话框中选取所需的子图文件，单击“确认”

按钮，系统弹出“转换端口”对话框。此处单击“No”按钮（不改变端口方向），系统在母图中生成图纸符号阴影。如图 5-21 所示。

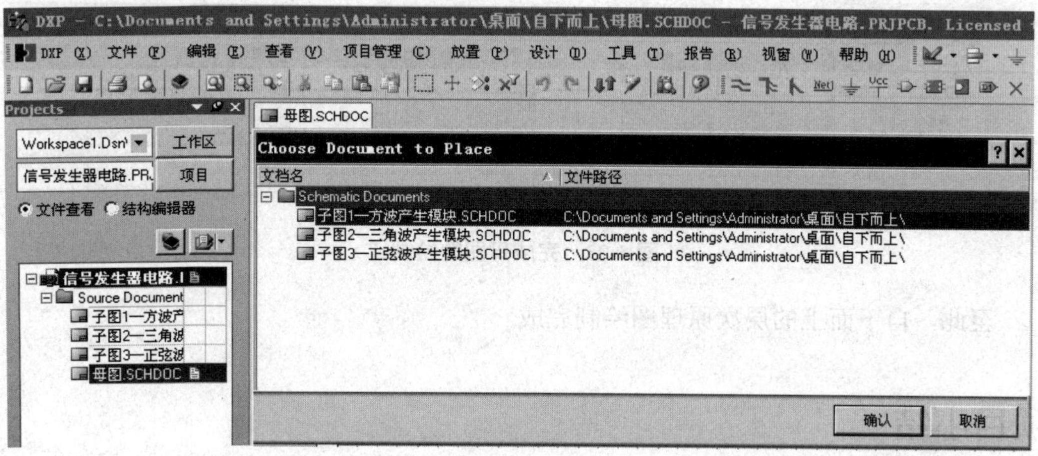

图 5-21　“选择子原理图”对话框

移动光标，将图纸符号移动到合适位置，单击左键，将图纸符号放置定位，如图 5-22 所示。

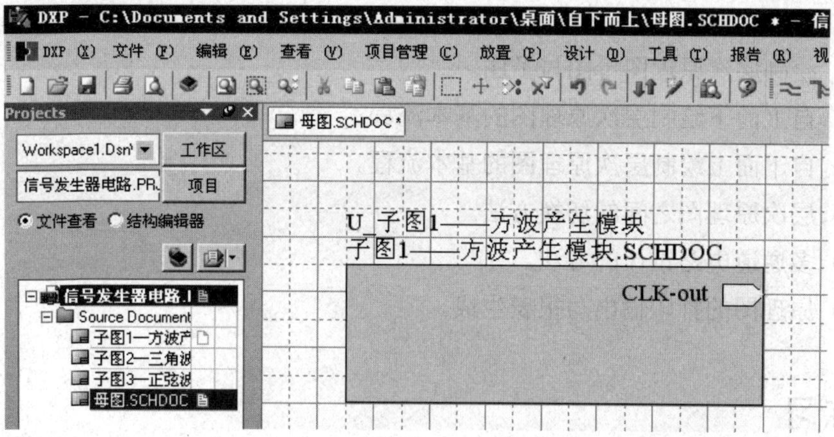

图 5-22　将图纸符号放置定位

利用同样的方法产生所有与相应子图对应的图纸符号，然后放置母图中的元件，将图纸符号间有电气连接关系的端口、端口与元件引脚等用导线或总线连接起来，完成母图的绘制，如图 5-23 所示。

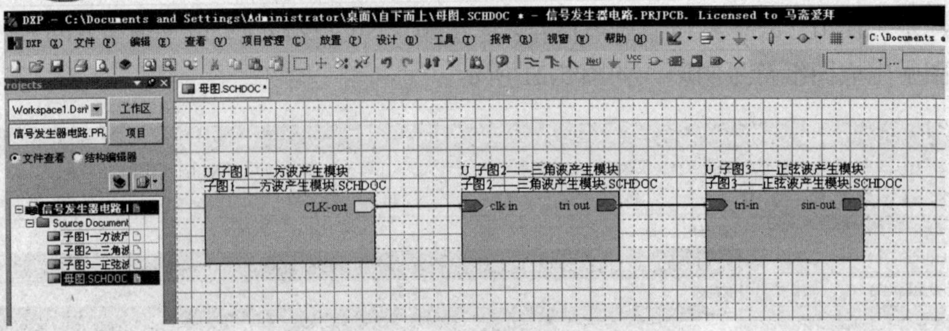

图 5-23 完成母图的绘制

至此，自下而上的层次原理图绘制完成。

项目小结

本项目结合声光报警电路原理图的绘制，介绍了层次原理图的基本概念和自上而下、自下而上两种绘制层次原理图的方法、相关技巧及层次原理图的切换方法等内容，并对多通道设计及原理图的打印输出与报表生成等进行了简要介绍。

通过本项目学习，读者应掌握以下知识点。

（1）绘制层次原理图母图与子图。

（2）自上而下绘制层次原理图的基本流程。

（3）自下而上绘制层次原理图的基本流程。

（4）层次原理图之间的切换方法。

（5）多通道电路设计的方法。

（6）原理图的打印输出与报表生成。

项目练习

1．填空题

（1）设计层次原理图时，既可以________进行设计，也可以________进行设计。

（2）所谓自上而下的设计方法，就是由______________产生__________。

（3）在进行层次原理图设计时，如果不清楚每个模块到底有哪些端口，就可以采用__________的设计方法。

（4）编辑方块电路属性时，可通过______击该方块电路，或通过用鼠标_____键按住方块电路的同时按________键进行编辑。

2. 判断题

（1）在 Protel DXP 中不能将整个电路按不同的功能分别画在几张图纸上。（　　）

（2）自下而上层次原理图的设计方法，就是由预先画好的子原理图来产生方块电路符号，从而产生层次原理图总图来表达整个系统。（　　）

（3）层次原理图间切换是指从总图切换到它上面某方块电路对应的子图上，或者从某一层次原理图切换到它的上层原理图中。（　　）

3. 选择题

（1）绘制层次原理图时，放置方块电路输入/输出端口的工具为 Place 菜单下的（　　）命令。

A．Port　　B．Part　　C．Add Sheet Entry　　D．Sheet Symbol

（2）层次原理图之间的切换，可使用菜单 Tools 下的（　　）命令。

A．Up/Down Hierarchy　　B．Annotate

C．Convert Part To Sheet Symbol　　D．Cross Probe

（3）绘制层次原理图时，放置方块电路的快捷键为（　　）。

A．P / U　　B．P / S　　C．P / N　　D．P / A

4. 思考题

（1）简述层次原理图的概念。

（2）常用的层次原理图的设计方法有哪些？

（3）层次原理图之间是如何进行切换的？

5. 拓展练习

（1）设计一个单片机与计算机的串行通信电路，如图 5-24 至图 5-26 所示。

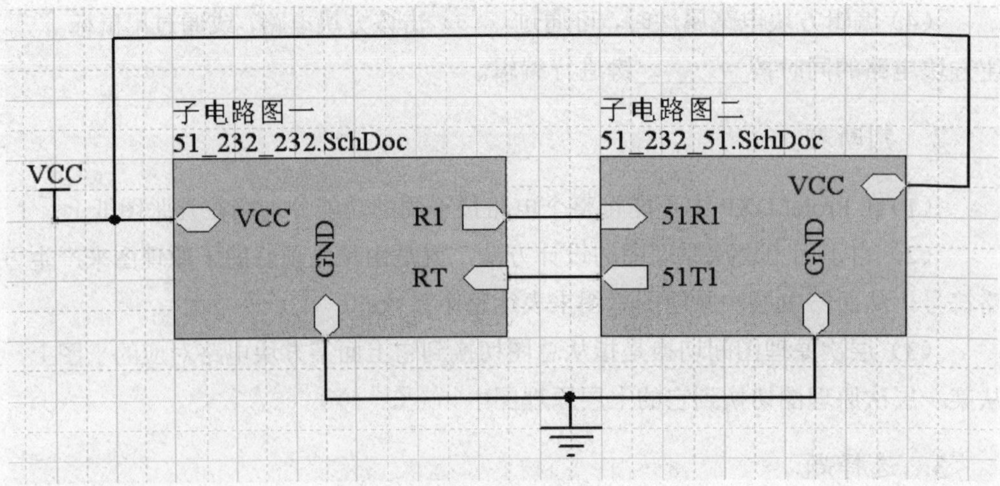

图 5-24　串行通信电路

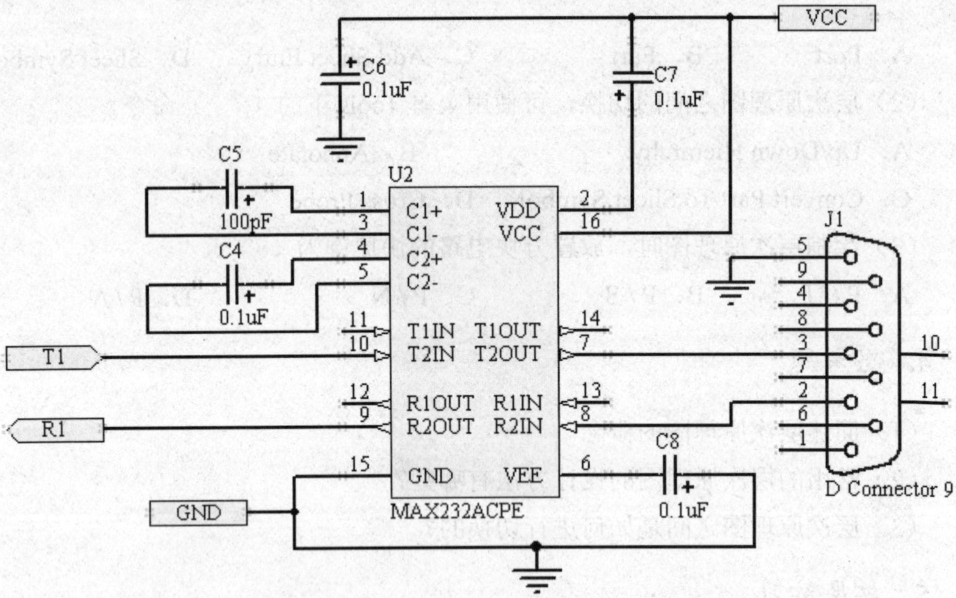

图 5-25　51_232_232.SchDoc 电路

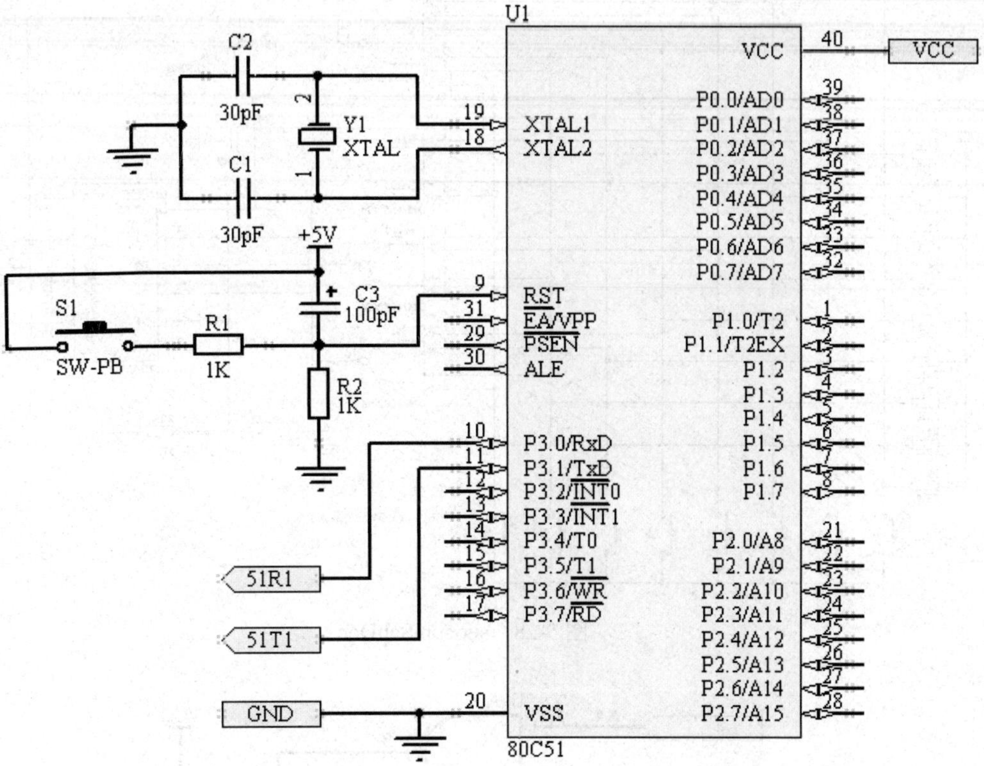

图 5-26　51_232_51.S chDoc 电路

（2）设计“抢答器”电路原理图，如图 5-27 至图 5-30 所示。

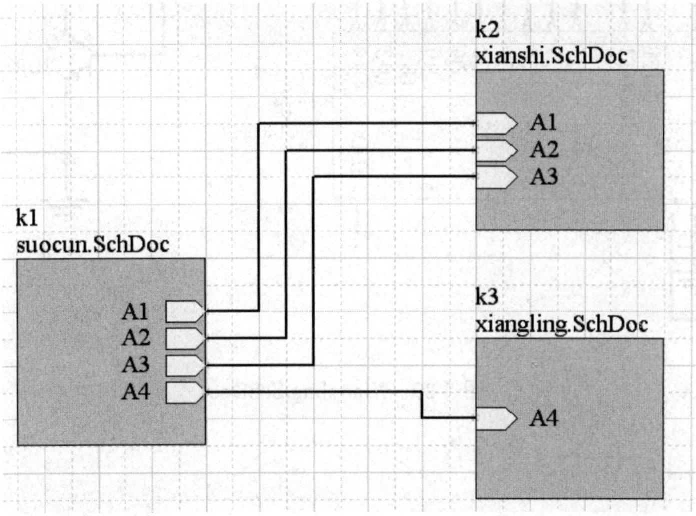

图 5-27　Qiangdaqi.SchDoc

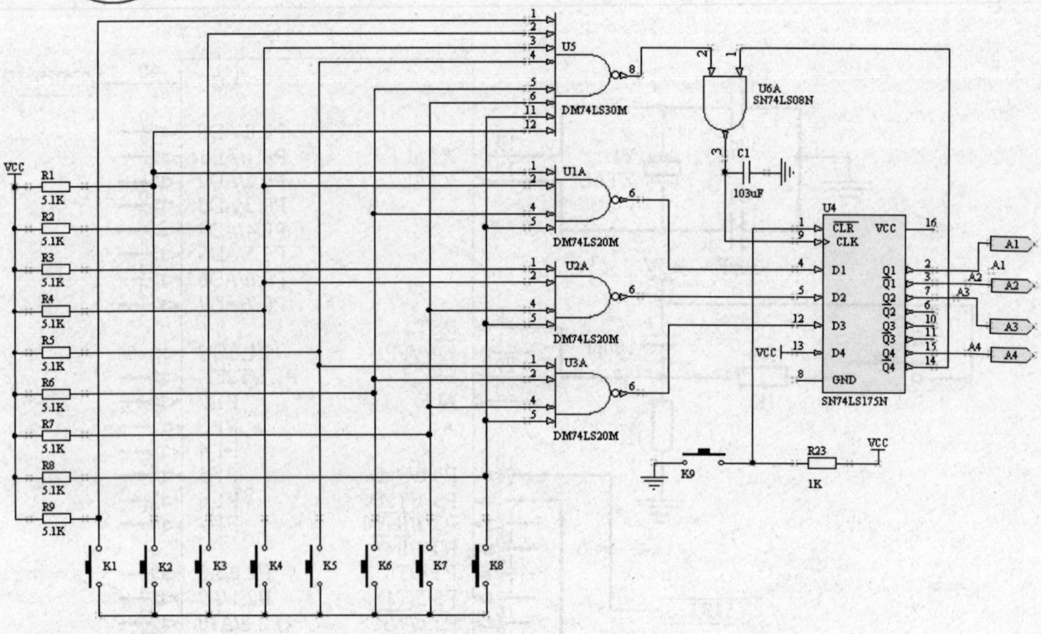

图 5-28　suocun.SchDoc

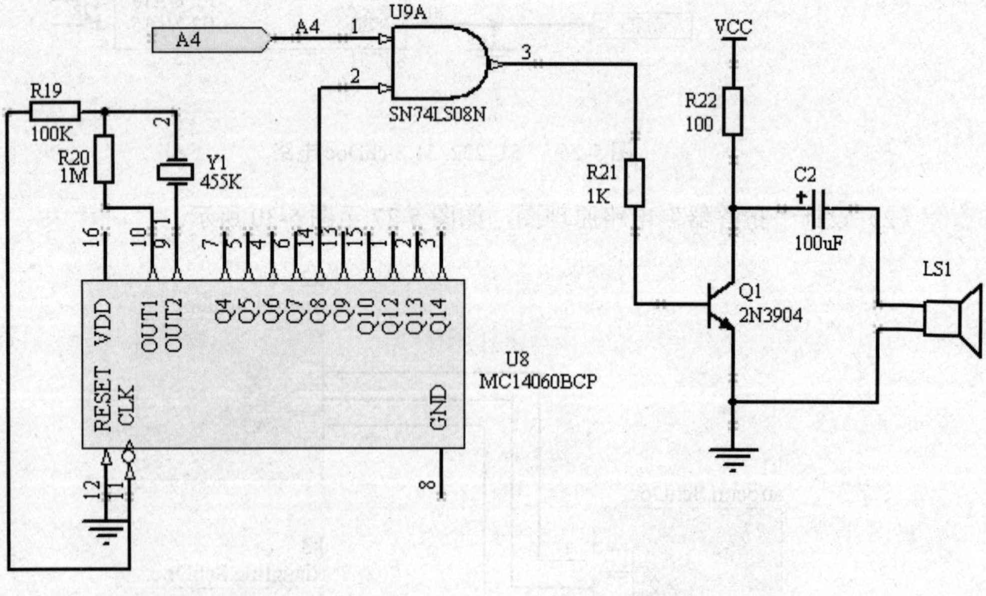

图 5-29　Xiangling.SchDoc

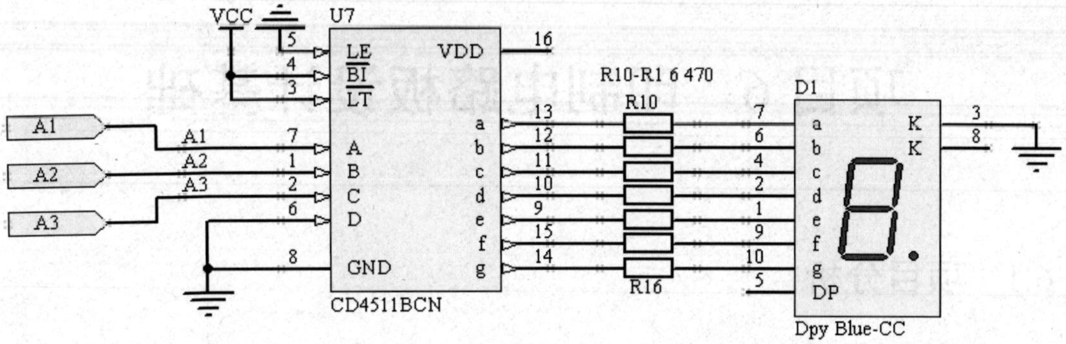

图 5-30　Xianshi.SchDoc

项目 6　印制电路板设计基础

6.1　项目分析

印制电路板，简称 PCB（Printed Circuit Board），是通过一定的制作工艺，在绝缘度非常高的基材上覆盖上一层导电性能良好的铜薄膜构成覆铜板，然后根据具体的PCB图的要求，在覆铜板上蚀刻出 PCB 图上的导线，并钻出印制板安装定位孔以及焊盘和过孔。在双面板和多层板中，还需要对焊盘和过孔做金属化处理，即在焊盘和过孔的内孔周围做沉铜处理，以实现焊盘和过孔在不同层之间的电气连接。

6.2　项目要求与能力目标

【项目要求】

- 打开 DXP 安装目录自带的 PCB 板例子，观察其中每层显示的内容，认识 PCB 印制电路板。
- 添加 Miscellaneous Devices.IntLib 以及其他封装库，浏览这些库中的元件引脚封装。
- 在 PCB 编辑区放置如图 6-1 所示的电阻、电容、二极管、三极管、三端稳压、双排直插芯片等常用元件的封装图。

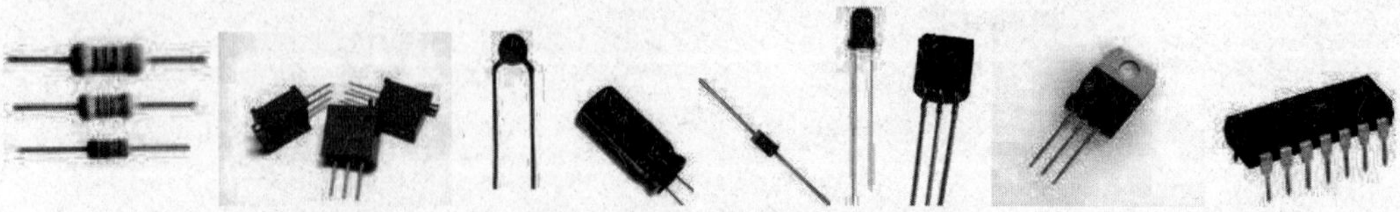

图 6-1　需放置封装的元件

【能力目标】

通过完成“印制电路板设计基础”的任务，可以培养以下能力。

- 会用向导创建 PCB 文件；

➢ 会设置 PCB 编辑器中显示的层面；
➢ 会识别常用元件的封装；能根据实际元件选用合适的封装。

6.3　项目准备

6.3.1　印制电路板的种类

根据印制电路板包含的层数，可分为单面板、双面板和多层板。

1. 单面板

单面板指仅一面有导电图形的印制板，板的厚度约为 0.2～5.0 mm，它是在一面敷有铜箔的绝缘基板上，通过印制和腐蚀的方法在基板上形成印制电路，如图 6-2 所示。它适用于一般要求的电子设备。

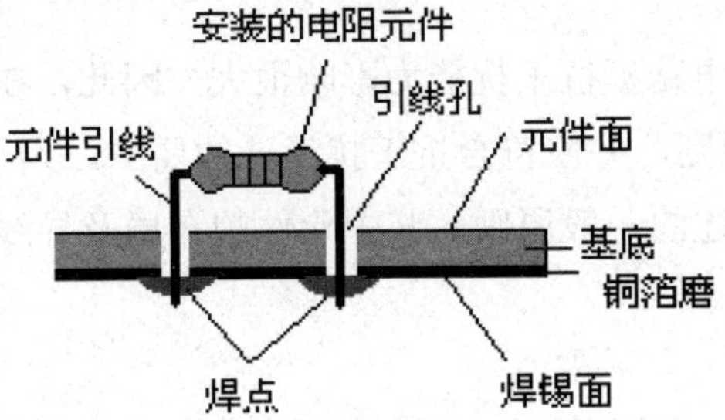

图 6-2　单面板示意图

2. 双面板

双面板指两面都有导电图形的印制板，板的厚度约为 0.2～5.0 mm，它是在两面敷有铜箔的绝缘基板上，通过印制和腐蚀的方法在基板上形成印制电路，两面的电气互连通过金属化孔实现，如图 6-3 所示。它适用于要求较高的电子设备，由于双面印制板的布线密度较高，所以能减小设备的体积。

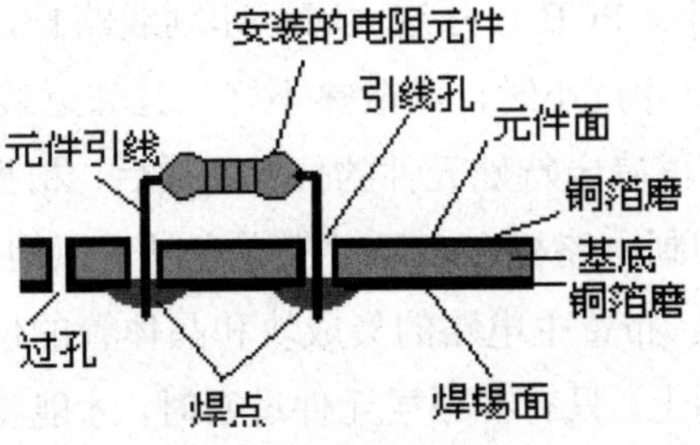

图 6-3　双面板示意图

3. 多层板

多层板是由交替的导电图形层及绝缘材料层层压黏合而成的一块印制板，导电图形的层数在两层以上，层间电气互连通过金属化孔实现。多层印制板的连接线短而直，便于屏蔽，但印制板的工艺复杂，由于使用金属化孔，可靠性稍差。它常用于计算机的板卡中。对于电路板的制作而言，板的层数愈多，制作程序就愈多，失败率当然增加，成本也相对提高，所以只有在高级的电路中才会使用多层板。多层板示意图如图 6-4 所示。

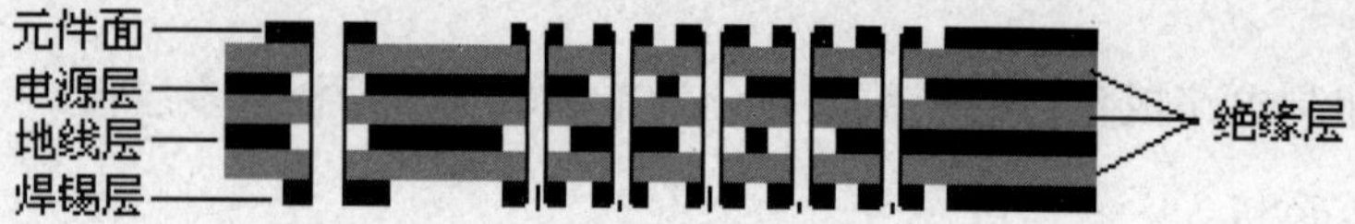

图 6-4　多层板示意图

6.3.2　印制电路板设计的基本原则

PCB 设计的好坏对电路板抗干扰能力影响很大，因此，在进行 PCB 设计时，必须遵守 PCB 设计的一般原则，并应符合抗干扰设计的要求。为了设计出质量好、造价低的 PCB，应遵循下面讲述的一般原则。其中元件的布局及导线的布设尤为重要。

1. 电路板的选用

常用的敷铜层压板是敷铜酚醛纸质层压板、敷铜环氧纸质层压板、敷铜环氧玻璃布层压板、敷铜环氧酚醛玻璃布层压板、敷铜聚四氟乙烯玻璃布层压板，多层印刷电路板用环氧玻璃布等。电路板的选用原则主要是应该保证足够的刚度和强度。常见的电路板的厚度有 0.5 mm、1.0 mm、1.5 mm、2.0 mm 等。

2. 布局原则

元件布局是将元件在一定面积的印制板上合理地排放，它是设计 PCB 的第一步。首先要考虑 PCB 尺寸大小。PCB 尺寸过大时，印制线路长，阻抗增加，抗噪声能力下降，成本也增加；PCB 尺寸过小时，则散热不好，且邻近线条易受干扰。在确定 PCB 尺寸后，进行元件布局。再确定特殊元件的位置。最后，根据电路的功能单元，对电路的全部元件进行布局。印制电路板在布局时应遵守以下原则。

（1）元件排列规则。布置主电路的集成块和晶体管的位置。在通常条件下，元件应布置在印制板的同一面上，只有在顶层元件过密时，才能将一些高度有限并且发热量小的器件，如贴片电阻、贴片电容、贴片 IC 等放在底层。在保证电气性能的前提下，元件放置应相互平行或垂直排列，元件排列要紧凑，不允许重叠，输入和输出元件尽量远离。某些元器件或导线之间可能存在较高的电位差，应加大它们之间的距离，以免因放电、击穿引起短路。带高压的元器件应尽量布置在调试时手不易触及的地方。位于板边缘的元件，离板边缘一般不小于2 mm。对于四个管脚以上的元件，不可进行翻转操作，否则将导致该元件安装插件时管脚号不能一一对应。元器件在整个板面上分布均匀、疏密一致。

（2）按照信号走向布局原则。通常按照信号的流程逐个安排各个功能电路单元的位置，以每个功能电路的核心元件为中心，围绕它进行布局。元件的布局应便于信号流通，使信号尽可能保持一致的方向。在多数情况下，信号的流向安排为从左到右或从上到下，与输入、输出端直接相连的元件应当放在靠近输入、输出接插件或连接器的地方。

（3）防止电磁干扰层。对辐射电磁场较强的元件，以及对电磁感应较灵敏的元件，应加大它们之间的距离或加以屏蔽，元器件放置的方向应与相邻的印制导线交叉。尽量避免高低电压器件相互混杂、强弱信号的器件交错在一起。对于会产生磁场的元器件，如变压器、扬声器、电感等，布局时应注意减少磁力线对印制导线的切割，相邻元件的磁场方向应相互垂直，减少彼此间的耦合。对干扰源进行屏蔽，屏蔽罩应良好接地。工作在高频的电路，要考虑元器件间分布参数的影响。

（4）抑制热干扰。对于发热的元器件，应优先安排在利于散热的位置，必要时可以单独设置散热器或小风扇，以降低温度，减少对邻近元器件的影响。一些功耗大的集成块、大或中功率管、电阻等元件，要布置在容易散热的地方，并与其他元件隔开一定距离。热敏元件应紧贴被测元件并远离高温区域，以免受到其他发热元件影响，引起误动作。双面放置元件时，底层一般不放置发热元件。

（5）提高机械强度。要注意整个PCB板的重心平衡与稳定，重而大的元件尽量安置在印制板上靠近固定端的位置，并降低重心，以提高机械强度和耐振、耐冲击能力，以及减少印制板的负荷和变形。15 g以上的元器件，应当使用支架或卡子加以固定。为了便于缩小体积或提高机械强度，可设置辅助底板，放置一些笨重的元件。板的最佳形状是矩形（长宽比为3∶2或4∶3），板面尺寸大于200 mm×150 mm时，要考虑板所受的机械强度，可加边框加固。在印制板上留出固定支架、定位螺孔和连接插座的位置。

（6）可调元件的布局。可调元件的布局应考虑整机的结构要求，若是机外调节，其位置要与调节旋钮在机箱面板上的位置相适应；若是机内调节，则应放置在印制板上能够方便调节的地方。

3. 布线原则

布线和布局是密切相关的两项工作，布局的好坏直接影响着布线的布通率。布线受布局、板层、电路结构、电性能要求等多种因素影响，布线结果又直接影响电路板性能。印制电路板在布线时应遵守以下原则。

（1）布线板层选择。印制板布线可以采用单面板、双面板或多层板，一般应首先选用单面板，其次是双面板，在仍不能满足设计要求时才选用多层板。

（2）印制导线宽度原则。印制导线的最小宽度主要由导线与绝缘基板间的黏附强度和流过它们的电流值决定。一般选用导线宽度在 1.5 mm 左右便可以满足要求，对于集成电路，尤其数字电路通常选 0.2～0.3 mm。当然只要密度允许，还是尽可能用宽线，尤其是电源和地线。印制导线的线宽一般要小于与之相连焊盘的直径。

（3）印制导线的间距原则。导线的最小间距主要由最坏情况下的线间绝缘电阻和击穿电压决定。导线越短、间距越大，绝缘电阻就越大。一般选用间距 1～1.5 mm。对集成电路，尤其数字电路，只要工艺允许可使间距很小。

（4）信号线走线原则。输入、输出端的导线尽量避免相邻平行，平行信号线之间要尽量留有较大间隔，最好加线间地线，起到屏蔽的作用。印制板两面的导线应互相垂直、斜交或弯曲走线，避免平行，减少寄生耦合。信号线高、低电平悬殊时，要加大导线的间距；在布线密度比较低时，可加粗导线，信号线的间距也可适当加大。

（5）地线布设原则。一般将公共地线布置在印制板的边缘，便于印制板安装在机架上，也便于与机架地相连接。印制地线与印制板的边缘应留有一定的距离（不小于板厚），这便于安装导轨和进行机械加工，提高了绝缘性能。在印制电路板上应尽可能多地保留铜箔做地线，这样传输特性和屏蔽作用将得到改善，并且起到减少分布电容的作用。地线（公共线）不能设计成闭合回路，在高频电路中，应采用大面积接地方式。印制板上若装有大电流器件，如继电器、扬声器等，它们的地线最好要分开独立走，以减少地线上的噪声。模拟电路与数字电路的电源、地线应分开排布，这样可以减小模拟电路与数字电路之间的相互干扰。为避免各级电流通过地线时产生相互间的干扰，特别是末级电流通过地线对第一级的反馈干扰，以及数字电路部分电流通过地线对模拟电路产生干扰，通常各级的地是割裂的，不直接相连，然后再分别接到公共的一点地上。

（6）模拟电路布线。模拟电路的布线要特别注意弱信号放大电路部分的布线，特别是电子管的栅极、半导体管的基极和高频回路，这是最易受干扰的地方。布线要尽量缩短线条的长度，所布的线要紧挨元器件，尽量不要与弱信号输入线平行布线。

（7）数字电路布线原则。数字电路布线中，工作频率较低的只要将线连好即可，一般不会出现太大的问题。工作频率较高，特别是高到几百兆赫时，布线时要考虑分布参数的影响。

（8）高频电路布线原则。高频电路中，集成块应就近安装高频退耦电容，一方面保证电源线不受其他信号干扰，另一方面可将本地产生的干扰就地滤除，防止了干扰通过各种途径（空间或电源线）传播。

高频电路布线的引线最好采用直线，如果需要转折，采用 45°折线或圆弧转折，可以减少高频信号对外辐射和相互间的耦合。管脚间的引线越短越好，引线层间的过孔越少越好。

4. 焊盘大小原则

焊盘的直径和内孔尺寸：焊盘的内孔尺寸必须先从元件引线直径、公差尺寸以及焊锡层厚度、孔径公差、孔金属电镀层厚度等方面考虑。焊盘的内孔一般不小于 0.6 mm，因为小于 0.6 mm 的孔开模冲孔时不宜加工。在通常情况下，金属引脚直径值加 0.2 mm 作为焊盘内孔直径，焊盘外径应该为焊盘孔径加 1.2 mm，最小应该为焊盘孔径加 1.0 mm。

6.4 项目实施

6.4.1 利用向导创建 PCB

创建新的 PCB 可以直接执行“New”/“PCB”生成的 PCB 图，也可以利用 Protel DXP 提供的向导来创建，生成 PCB 的规划和电路板的参数设置。下面以过孔元件为例，来讲述创建新 PCB 的过程。

步骤 1：打开软件右下方标签栏“system”，选中 file，打开“file”工作面板。如图 6-5 所示。

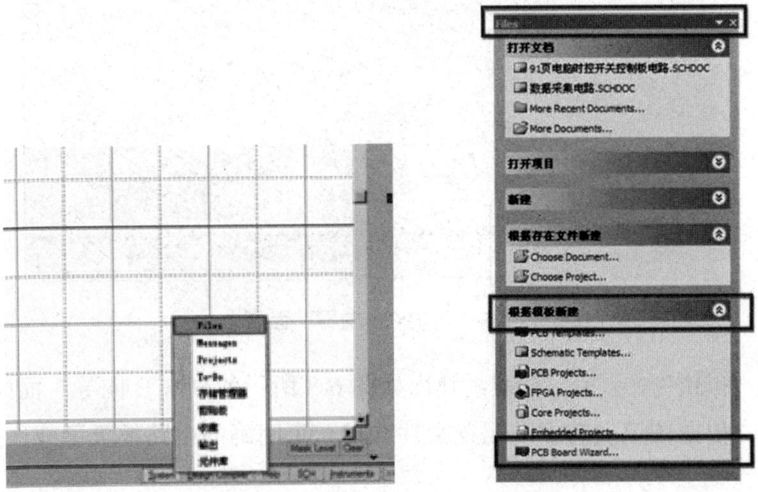

图 6-5 打开“file”工作面板

步骤 2： 打开新建“PCB 向导”面板，如图 6-6 所示。

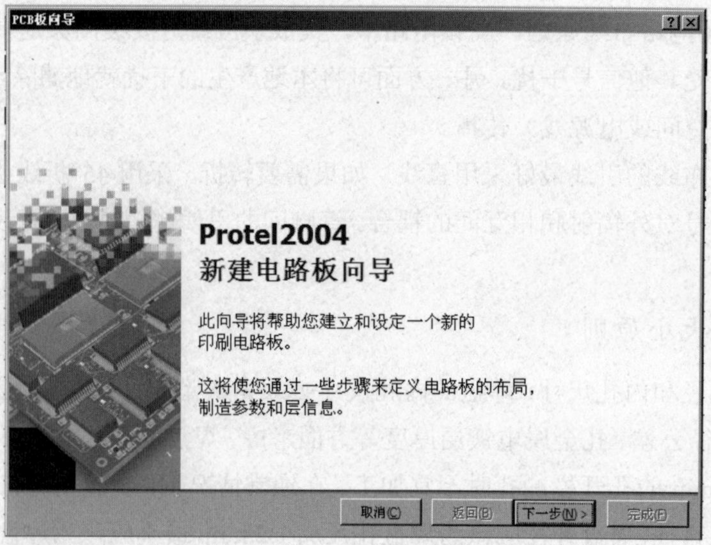

图 6-6　“PCB 向导”面板 1

步骤 3： 单击“下一步”按钮，弹出如图 6-7 所示的“PCB 向导”面板，选择电路板单位。电路板单位有英制（mil 毫英寸）和公制（mm 毫米）两种。

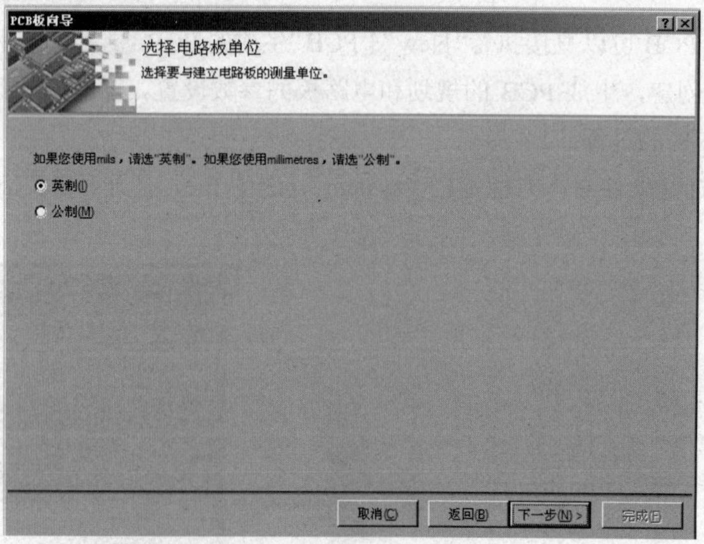

图 6-7　“PCB 向导”面板 2

步骤 4： 单击“下一步”按钮，弹出如图 6-8 所示的“PCB 向导”面板。选择电路板配置文件，根据预定义的标准配置文件选择一个明确的电路板类型或选择自定义。

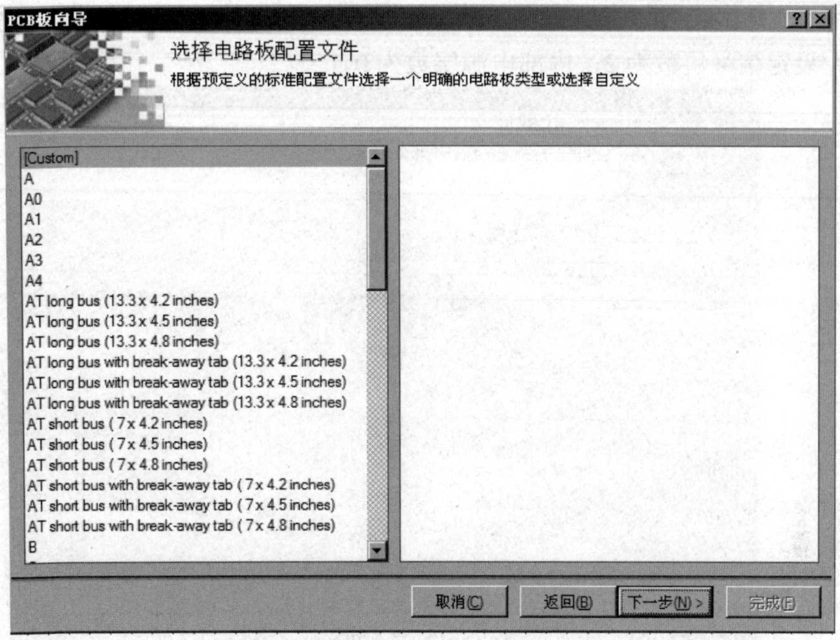

图 6-8　“PCB 向导”面板 3

步骤 5：单击“下一步”按钮，弹出如图 6-9 所示的“PCB 向导”面板，选择电路板详情。

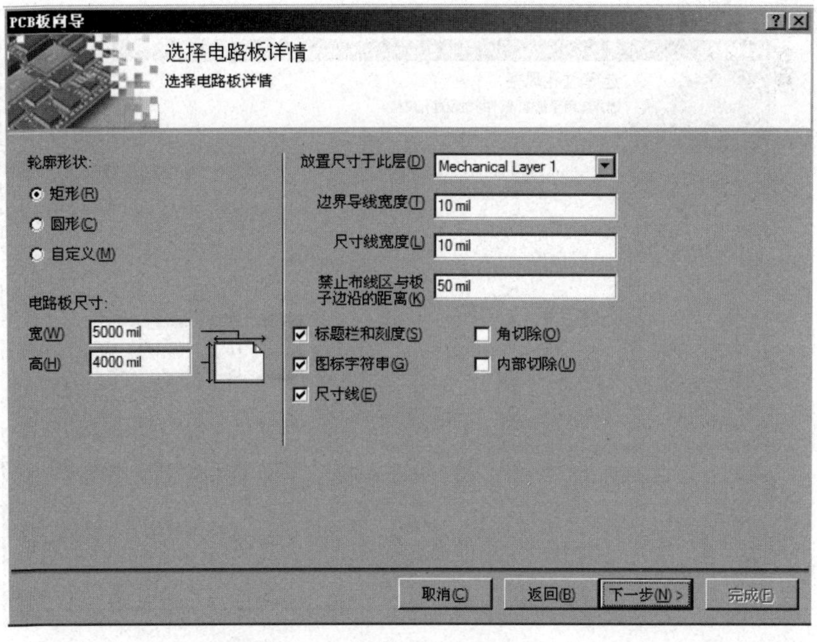

图 6-9　“PCB 向导”面板 4

步骤 6：单击“下一步”按钮，弹出如图 6-10 所示的“PCB 向导”面板。选择电路板层，设定信号层数为 2，内部电源层数为 0。

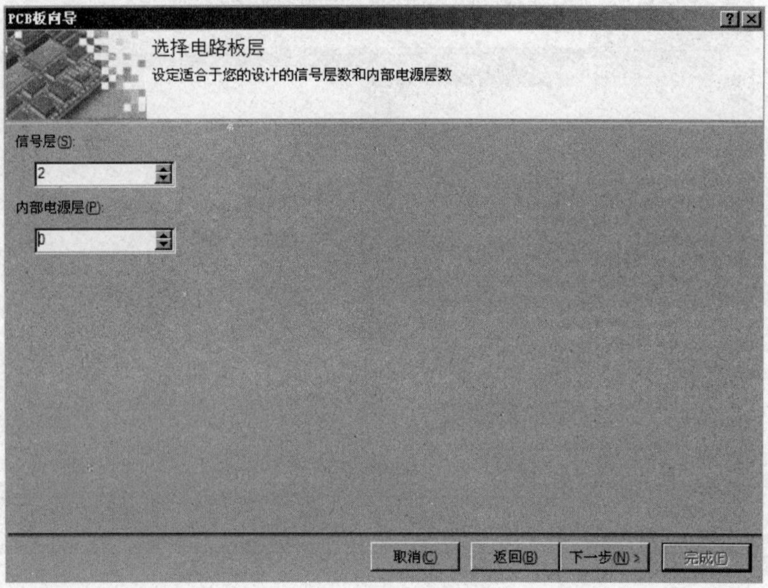

图 6-10　“PCB 向导”面板 5

步骤 7：单击“完成”按钮，弹出如图 6-11 所示的“PCB 向导”面板。选择过孔元件，选择“只显示通孔”。

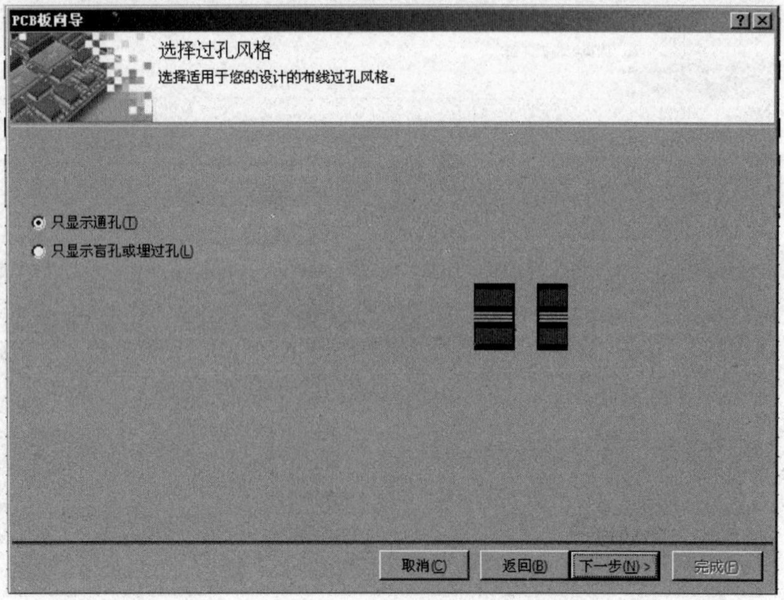

图 6-11　“PCB 向导”面板 6

步骤 8：单击“下一步”按钮，弹出如图 6-12 所示的“PCB 向导”面板。选择元件和布线逻辑，选择“通孔元件”，临近焊盘间的导线数选择“一条导线”。

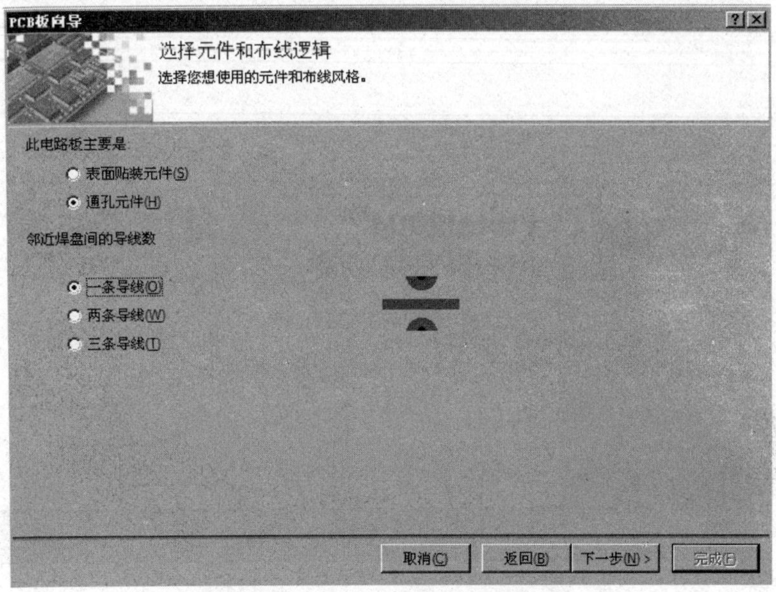

图 6-12　“PCB 向导”面板 7

步骤 9：单击“完成”按钮，弹出如图 6-13 所示的“PCB 向导”面板。选择默认导线和过孔尺寸。

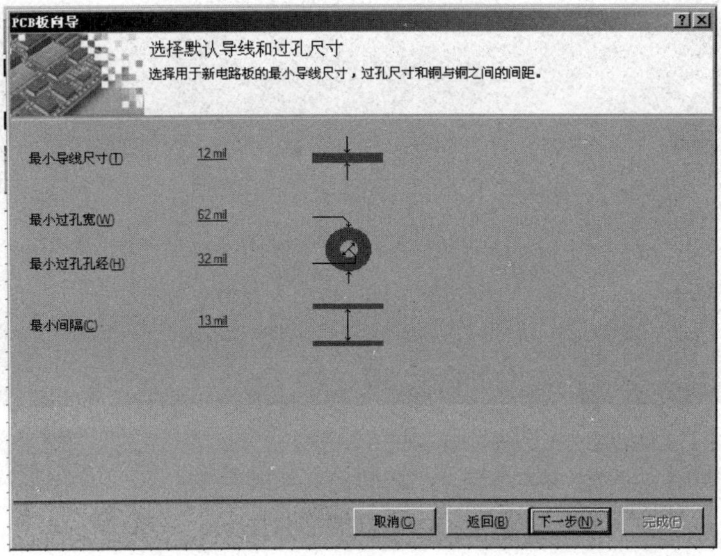

图 6-13　“PCB 向导”面板 8

步骤 10： 单击“完成”按钮，完成利用向导创建电路板，如图 6-14 所示。

图 6-14　完成电路板的创建

建好的电路板文件如图 6-15 所示。

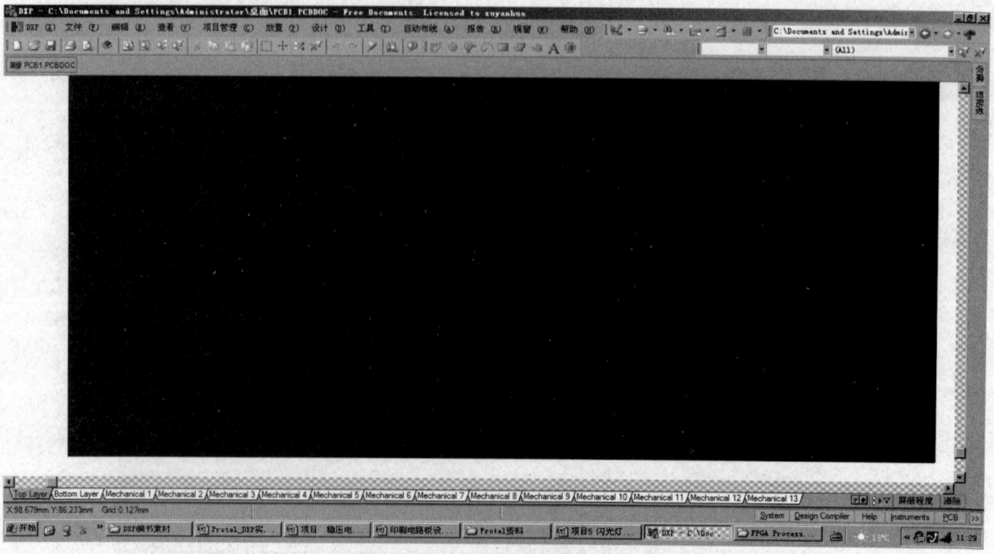

图 6-15　建好的电路板文件

6.4.2　认识印制电路板

1. 认识 PCB 印制电路板的层

步骤 1：将刚刚建好的电路板文件保存，如图 6-16 所示。

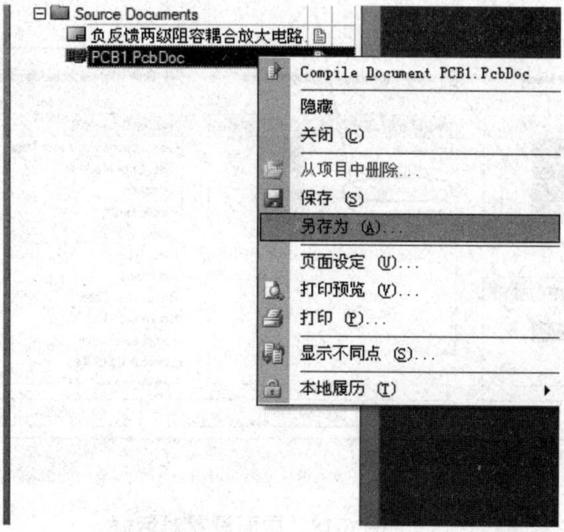

图 6-16　保存电路板文件

步骤 2：观察文件底部的层标签栏。按 Shift+S 键，切换到单层显示模式，分别点击编辑窗口下的顶层、底层、机械层、丝印层、禁止布线层及多层，观察每层显示的内容。点击 Toplayer 后显示结果如图 6-17 所示。

图 6-17　底部的层标签栏

步骤 3：设置显示层面。执行菜单命令“设计”/“PCB 板层次颜色”，或者在 PCB 文件中单击右键，单击“选择项”/“PCB 板层次颜色”，将弹出如图 6-4 所示的层面设置对话框，可根据不同的设计需要在相应板层后面的复选框中打上“ √”，选中该项，以便显示该层面。可去掉不用显示的层后的“ √”，如图 6-18 所示。

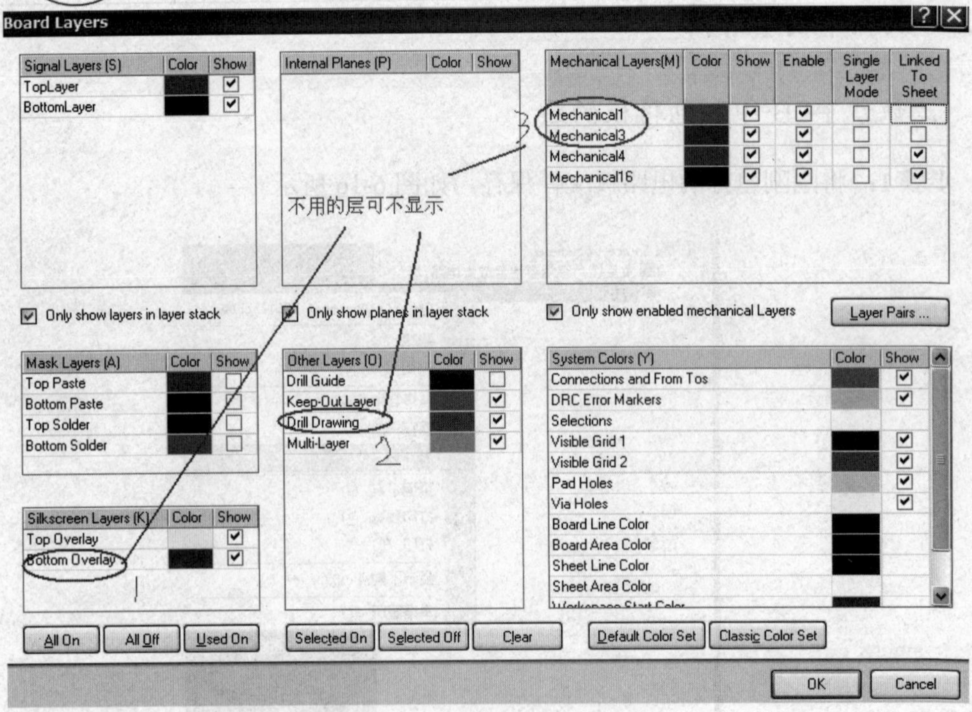

图 6-18　层面设置对话框

2. 放置铜膜导线

步骤 1：执行“文件”/“创建”/“PCB 文件”　命令，打开 PCB 编辑器，保存 PCB 文件为“导线焊盘.PCBDOC”。

步骤 2：切换到 Bottom Layer 层，点击工具栏上交互式布线工具图标，绘制导线如图 6-19 所示。

图 6-19　绘制的导线

步骤 3：双击导线，出现如图 6-20 所示导线属性对话框。修改导线宽度，点击工具栏上 T，在 Top Overlay 放置宽度说明，修改宽度后效果如图 6-21 所示。

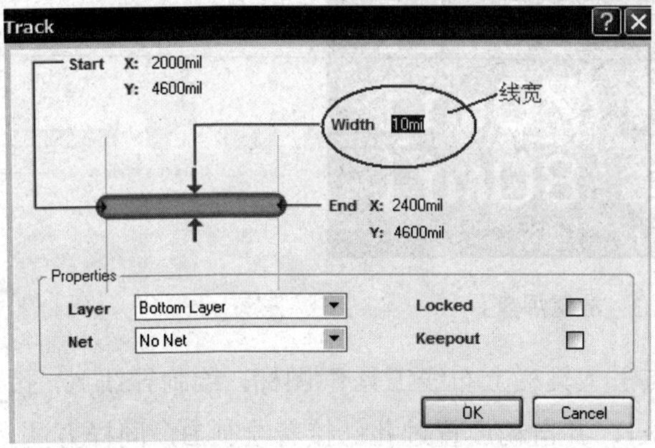

图 6-20　导线属性对话框

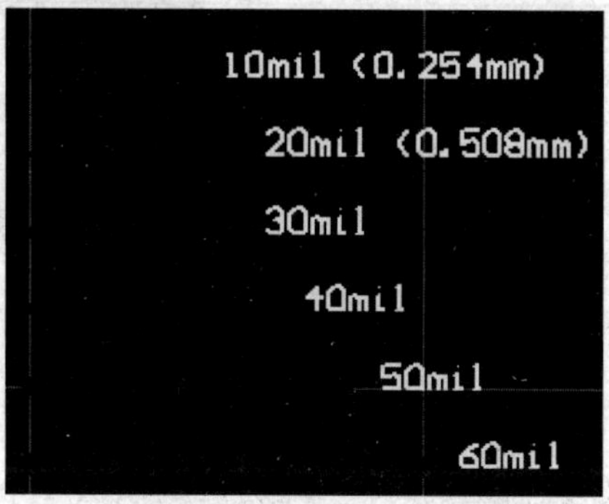

图 6-21　修改宽度后效果

3. 放置焊盘和过孔

步骤 1：切换到 Multi 层，点击工具栏上图标，放置焊盘。

步骤 2：双击焊盘，出现焊盘属性对话框，一般包含如下参数：焊盘长度（X-Size）、焊盘宽度（Y-Size）、孔径（Hole-Size）、序号（Designator）、形状（Shape）等，如图 6-22 所示。

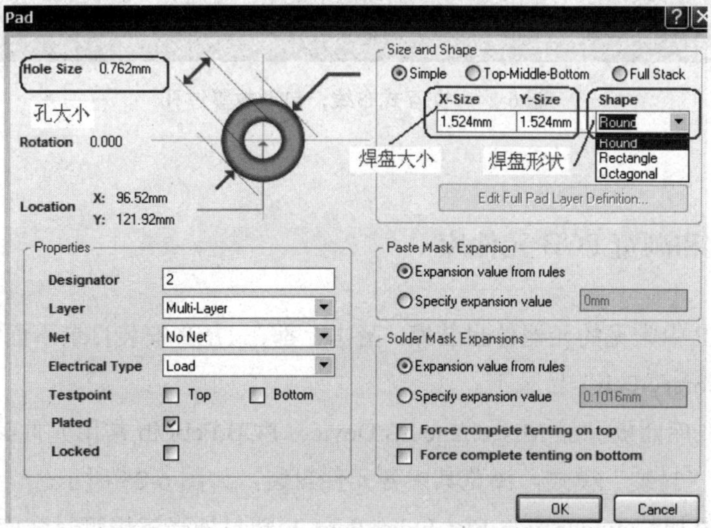

图 6-22　焊盘属性对话框

步骤 3：修改焊盘属性，并在 Top Overlay 放置焊盘大小说明，修改后效果如图 6-23 所示。

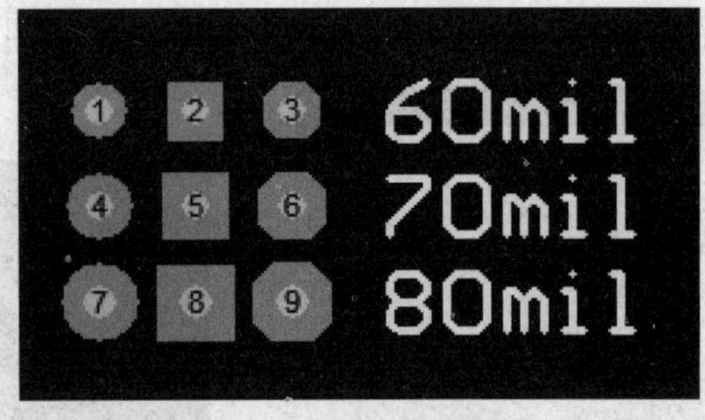

图 6-23　放置焊盘

步骤 4：切换到 Bottom Layer 层，点击工具栏上布线工具图标，绘制导线 A，按小键盘上的“*”键切换到顶层 Top Layer，并自动放置过孔；接着绘制 B，同样方法，按小键盘上的“*”键切换到顶层 Bottom Layer 层；绘制 C，并自动生成过孔。如图 6-24 所示。

图 6-24　交互式布线，自动放置过孔

6.4.3　添加和浏览 PCB 元件库

Protel DXP 中常见的元器件封装库，基本上都在 DXP 安装目录下面的“c:\Program Files\Altium\Library\Pcb”目录下。

步骤 1：在库面板添加 Miscellaneous Devices PCB.PcbLib 常用元件封装库，从“元件”模式转到“封装”模式，浏览其中各元件封装，如图 6-25 所示。

步骤 2：添加 Cylinder with Flat Index.PcbLib 塑封外壳三极管封装库，并浏览其中封装，如图 6-26 所示。

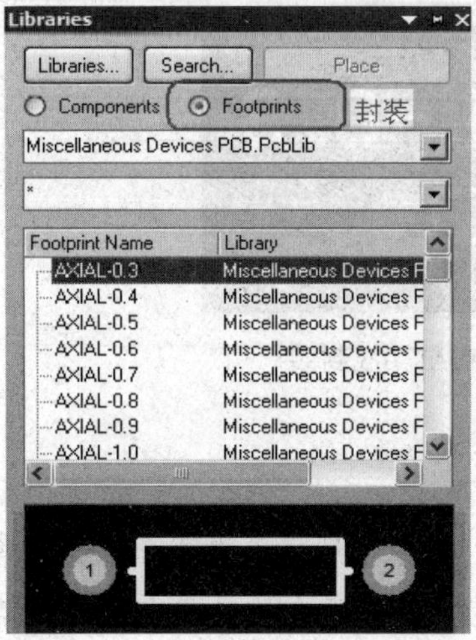

图 6-25　浏览常用元件封装库

图 6-26 浏览三极管封装库

6.4.4　在 PCB 图纸中放置引脚封装

零件封装是指实际零件焊接到电路板时所指示的外观和焊点的位置。不同的元件可共用同一零件封装，同种元件也可有不同的零件封装。封装分针插式，表面贴片式两种。图 6-1 中全部为普通过孔元件，采用针插式封装。

1. 放置电阻

步骤 1：执行命令“放置”/“元件”，点击元件详情下面的库参考，如图 6-27 所示。

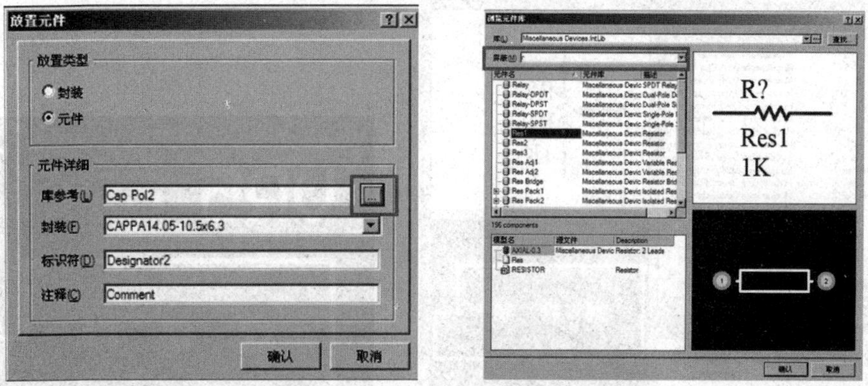

图 6-27　库参考

步骤 2：在屏蔽栏输入电阻关键字 r，即可搜索到库中的所有电阻元件的封装参数。

步骤 3： 选择如图 6-28 所示的 AXIAL-0.3 封装。

图 6-28　AXIAL-0.3 封装

【知识链接】电阻封装

电阻是各电路中使用最多的元件之一，编号一般以 R 开头，根据功率不同，体积也差别很大，小的如 1/8 W 电阻体积只有米粒大小，而大的功率电阻，如某些电器电源部分的限流或取样电阻的体积超过七号电池，因此不同体积的电阻，应根据实际大小选择合适的封装。

电阻元件封装命名一般由二部分组成，前面字母部分用于规定封装的类别，如电阻为 AXIAL，后一部分为数字，一般代表焊盘间距，单位为英寸。因此封装 AXIAL-0.4 表示该封装为电阻，焊盘间距为 0.4 英寸（1 英寸=2.54 cm=0.0254 m），根据体积不同，电阻封装可以从 AXIAL-0.3 ~ AXIAL-1.0。1/4 W 电阻一般选 AXIAL-0.3。

2. 放置电位器

与放置电阻方法相同，放置一个封装为“VR5”的可调电阻。如图 6-29 所示。

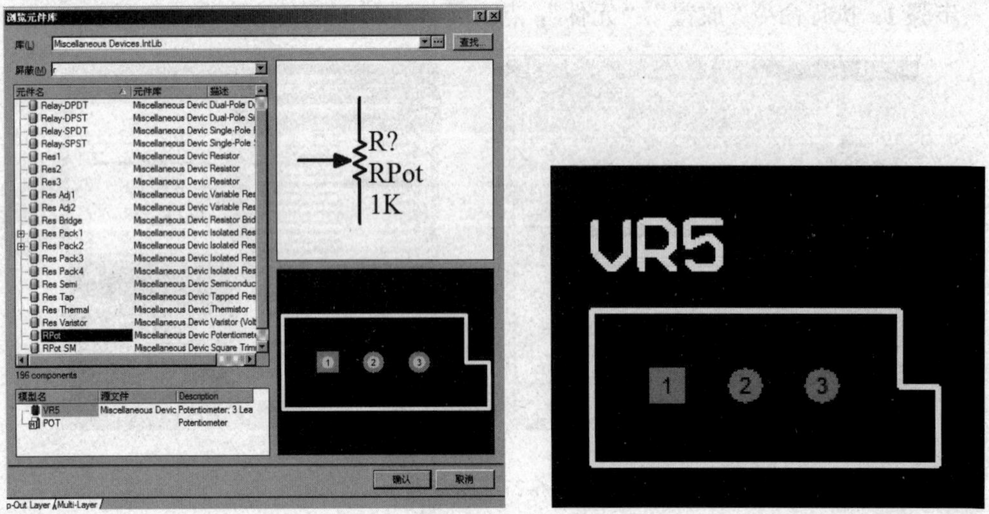

图 6-29　“VR5”的可调电阻

【知识链接】电阻封装

原理图库中电位器的常用名称是“RPOT1”和“RPOT2”，常用的封装为 VR 系列，从 VR2 ~ VR5，这里后缀的数字也只是表示外形的不同，而没有实际尺寸的含义，其中 VR5 一般为精密电位器封装。

3. 放置电容

步骤 1：放置一个无极性电容 RAD-0.3，如图 6-30 所示。

图 6-30　无极性电容 RAD-0.3

步骤 2：放置一个极性电容 RB7.6-15，如图 6-31 所示。

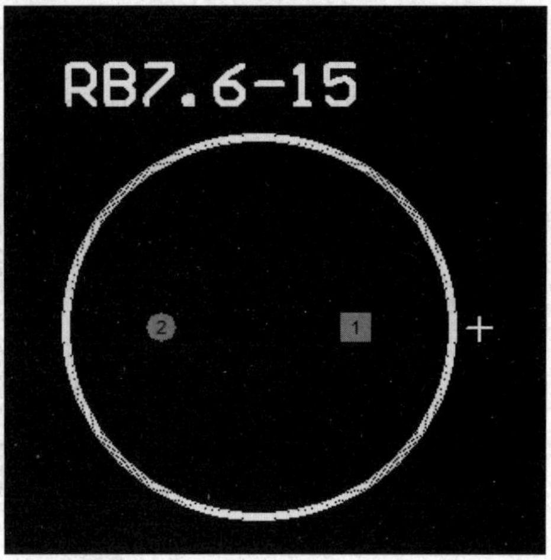

图 6-31　极性电容 RB7.6-15

【知识链接】电容封装

（1）无极性电容。无极性电容原理图库元件名称为“CAP”，根据容量不同，体积外形差别较大，如图 6-32 所示。 其封装由两部分组成：前面字母部分为 RAD，后一部分为数字，和电阻一样代表焊盘间距，根据体积不同，无极性电容封装可以为 RAD-0.1 ~ RAD-0.4。

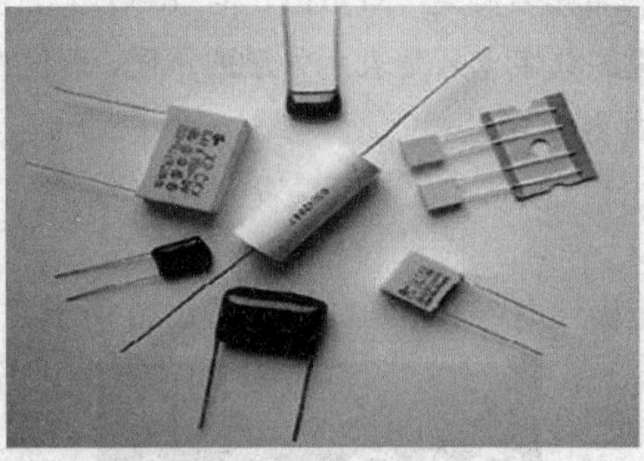

图 6-32　无极性电容

（2）有极性电容。有极性电容（如电解电容）体积根据容量和耐压的不同，体积差别很大。

电解电容的引脚封装也由两部分组成，字母部分为 RB，如 RB5-10.5，数字 5 表示焊盘间距为 5 mm，而 10.5 表示电解电容的圆筒外径。根据体积不同，电解电容封装 RB5-10.5 和 RB8.6-15。

4. 放置二极管

放置一个小功率二极管 DIODE0.4，如图 6-33 所示。

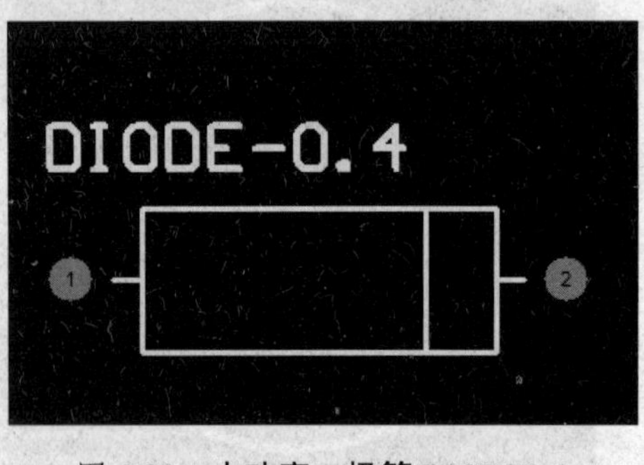

图 6-33　小功率二极管 DIODE0.4

【知识链接】二极管封装

二极管编号一般以 D 开头，根据功率不同，体积和外形也差别很大。二极管常用的封装有二种 DIODE0.4（小功率）和 DIODE0.7（大功率）。注意二极管为有极性元件，封装外形上画有短线的一端代表负端，和实物二极管外壳上表示负端的白色或银色色环相对应。

5. 放置三极管

放置一个 BCY-W3/E4 系列三极管，如图 6-34 所示。

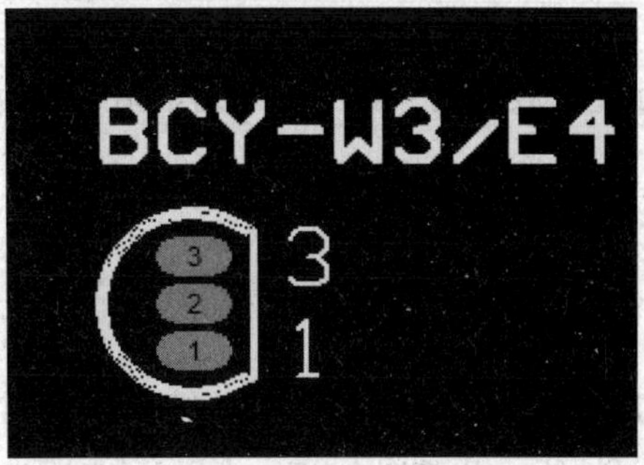

图 6-34　BCY-W3/E4 系列三极管

【知识链接】三极管封装

三极管在结构上分为两种类型，一种为 PNP 型，另一种为 NPN 型，根据功率不同，体积和外形差别较大，常用的有塑封和金属外壳封装。小功率塑封三极管封装一般有 BCY-W3 系列，大功率的可采用 SFM 系列，金属外壳三极管依功率大小一般 E 型可选用 CAN-3 系列封装。

三极管在选择封装时主要考虑其安装、定位和焊接，不考虑其内部结构和材料，即不管三极管是 PNP 或 NPN 型，是锗材料或是硅材料，只要焊盘参数、管脚序号对应，均可采用相同的三极管封装。

6. 放置双列直插元件

放置一个双列直插集成块 LM386N，如图 6-35 所示。

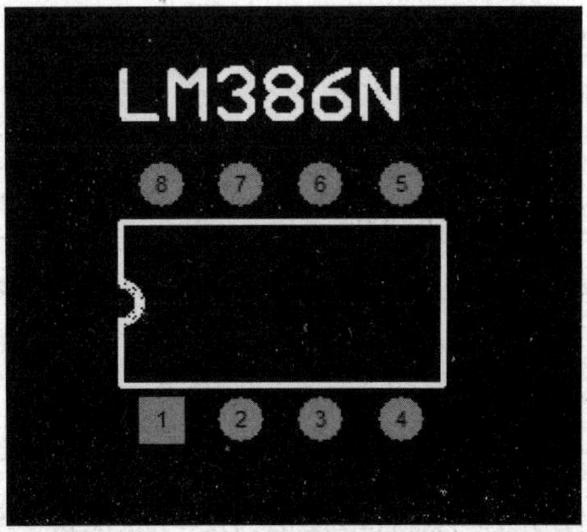

图 6-35　双列直插集成块 LM386N

【知识链接】双列直插元件

常见的双列直插元件如种类繁多的双列直插集成块，依据功能不同，它们在原理图库元件中的名称也不尽相同。如数字电路中的与非门 74LS20、模拟电路中的集成功放 LM386 等，它们常用的封装一般采用“DIP”系列，后缀数字表示引脚数目。

项目小结

本项目介绍了 Protel DXP 的印制电路板 PCB 编辑器的常用操作，以及 PCB 印制电路板（Printed Circuit Board）的一些基础知识。

通过本项目学习，读者应掌握以下知识点。

（1）使用向导创建 PCB 文件。

（2）设置 PCB 编辑器中显示的层面。

（3）常用元件的封装识别以及元件封装的选用。

项目练习

1. 填空题

（1）印制电路板英文全称是 ______________，缩写为______________。

（2）印制电路板根据导电板层划分有_________印制电路板，________印制电路板，以及_____________印制电路板。

（3）高频布线，走线方式应按照_____________角拐弯___________，这样可以减小高频信号的辐射和相互间的耦合。

（4）创建 PCB 文件有______种方式。

（5）放置焊盘可执行 Place/____________命令。

（6）放置元器件封装可执行 Place/_______________________命令。

（7）在 PCB 编辑器中，在 _____________对话框内，设置可视栅格间距。

2. 判断题

（1）为使电路板更加美观，布线应尽可能平行布置。（　）

（2）元件的布局应便于信号流通，使信号尽可能保持一致的方向。（　）

（3）元件封装是和元件一一对应的，不能混用。（　）

（4）电气边界用于限制元件布置及铜膜走线在此范围内。（　）

（5）Protel DXP 系统功能强大，提供了丰富的集成元件库。在向 PCB 载入网络表的过程中，可以自动加载所需的各种元件库。（　）。

（6）为了设计印制电路板，在画电路原理图时每个元器件必须有封装，而且元器件封装的焊盘与电路原理图元器件管脚之间必须有对应关系。（　）

3. 选择题

（1）元件封装按安装形式分为（　）大类。

A. 三　B. 两　C. 四　D. 五

（2）元件封装英文名称为（　）。

A. Pad　B. Vir　C. Layer　D. Footprint

（3）板层的英文名称为（　）。

A. Pad　B. Vir　C. Layer　D. Footprint

（4）放大图型元素的热键为（　）。

A. Home　B. PageUp　C. End　D. PageDown

（5）刷新屏幕操作热键为（　）。

A. Home　B. PageUp　C. End　D. PageDown

（6）缩小图型元素的热键为（　）。

A. Home　B. PageUp　C. End　D. PageDown

项目 7　稳压电源 PCB 板设计

7.1　项目分析

直流稳压电源是一种能为负载提供稳定直流电源的电子装置。直流稳压电源的供电电源大都是交流电源，当交流供电电源的电压或负载电阻变化时，稳压器的直流输出电压都会保持稳定。直流稳压电源随着电子设备向高精度、高稳定性和高可靠性的方向发展，对电子设备的供电电源提出了高的要求。其中，电源电路包括电源变压器、整流电路、滤波电路和稳压电路四个环节。为了便于操作，本项目中需要的元件有连接器、整流二极管、稳压器、滤波电容等。

7.2　项目要求与能力目标

【项目要求】

以如图 7-1 所示的原理图为例，生成该原理图的 PCB 板。要求用单层板，尺寸为 60 mm×40 mm，元件全部采用过孔元件，一般线宽为 0.30 mm，GND 为 0.60 mm，VCC 为 0.50 mm。

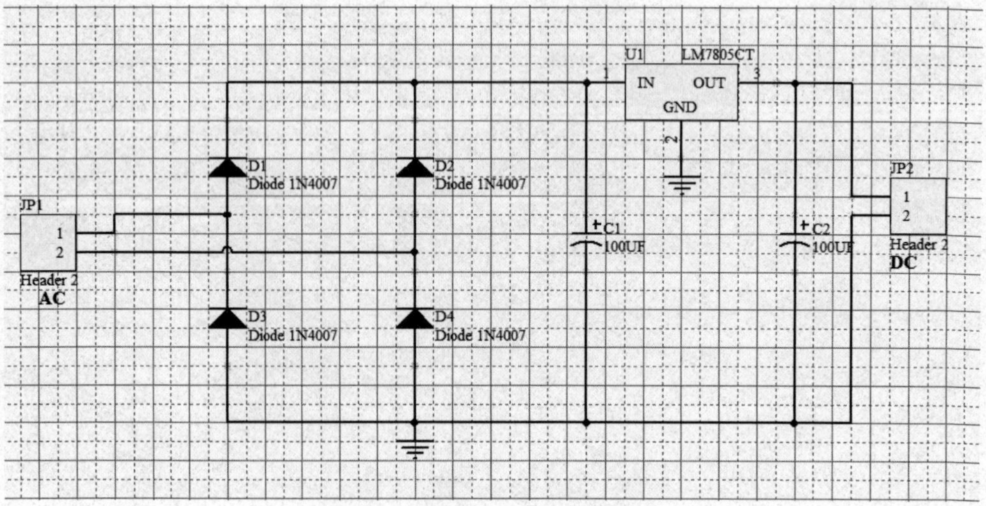

图 7-1　稳压电源电路原理图

【能力目标】

通过完成“稳压电源 PCB 板设计”的任务，可以培养以下能力。

- 熟悉 PCB 板设计流程。
- 能够更改 PCB 元件引脚封装；
- 能够利用向导规划电路板；
- 能够进行引脚封装和网络的载入；
- 能够进行元件布局；
- 能够理解布线规则。

7.3 项目准备

7.3.1 准备电路原理图

步骤 1：在 D 盘，建立一个文件夹，命名为“稳压电源电路”。

步骤 2：执行菜单命令“文件”/“创建”/“项目”/“PCB 项目”，新建一个项目文件。

步骤 3：执行菜单命令“文件”/“另存项目为”，或者在项目名称上单击右键，在弹出的保存项目对话框中填上“7805 稳压电源电路”文件名，并保存在 D 盘第一步建立的“稳压电源电路”文件夹中。如图 7-2 所示。

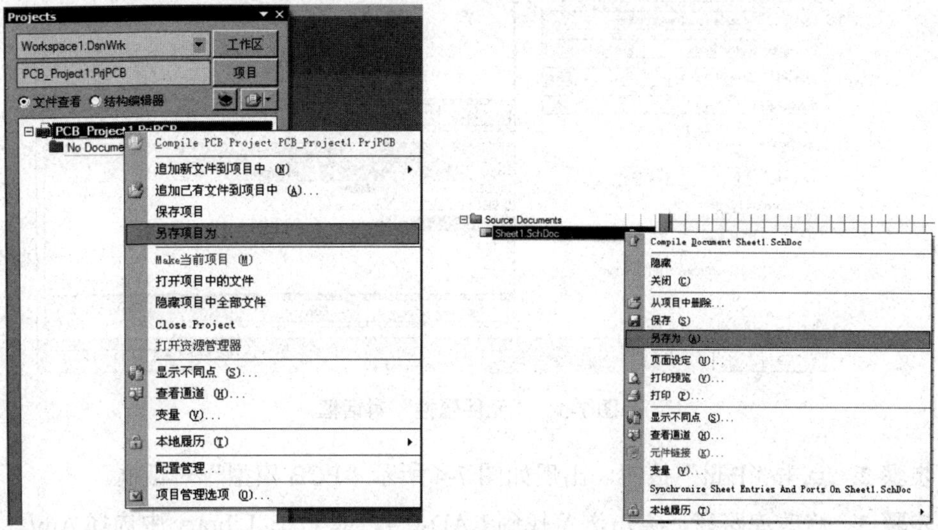

图 7-2 保存文件

在此项目下，绘制图 7-1 所示电路原理图 power-7806.SCHDOC。

7.3.2 检查元件封装

检查元器件的封装。要设计 PCB 板，电路中的元器件必须要有正确的封装形式，本电路中的组件封装表如表 7-1 所示。

表 7-1 电路中的组件封装表

元器件序号 Designator	库元器件名称 LibRef	注释或参数值 Comment	元器件封装 Footprint
U1	LM7805CT	LM7805CT	T03B
D1 ~D4	Diode 1N4007	1N4007	DIODE-0.4
C1　C2	Cap Pol1	100UF	RB8.6-15
JP1　JP2	Header 2	Connector	HDR1X2

步骤 1：打开原理图文件，双击元件，出现元件属性对话框，在 Model 窗口可以查看元件的封装。如果封装不对，点击 Edit 进行修改。例如，查看整流二极管。双击二极管后，出现如图 7-3 所示“元件属性”对话框，在元件属性中可以看出封装为 DSO-C2/X3.3，这是一种贴片元件封装，要改为针插式 DIODE0.4。

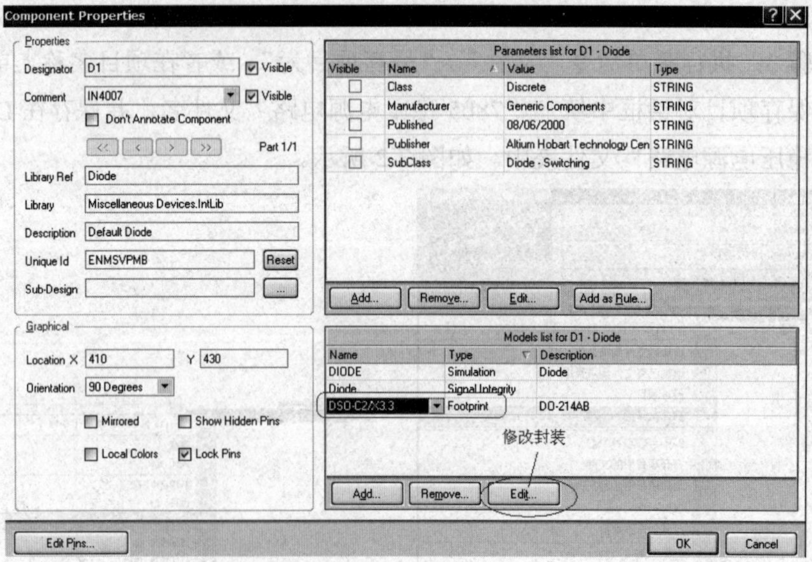

图 7-3 “元件属性”对话框

步骤 2：点击“Edit”按钮，出现如图 7-4 所示“PCB 模型”对话框。

步骤 3：修改库路径，点击浏览找到 RAD-0.4，或 PCB Library 中选择 Any，直接在 name 栏输入 RAD-0.4。Selected Footprint 显示正确的封装图形，点“确定”即可。

如图 7-5 所示。

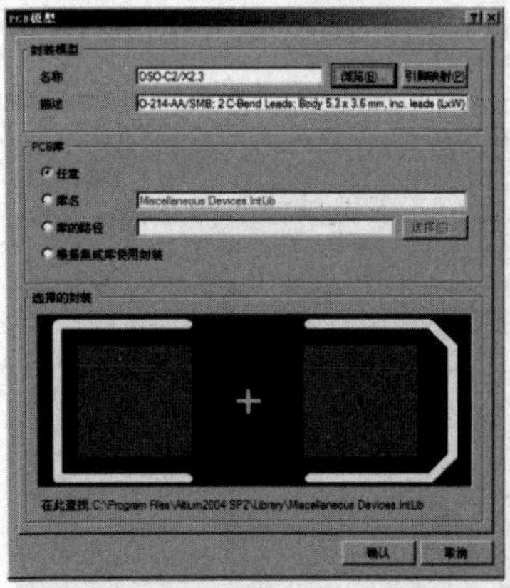

图 7-4　PCB Model 对话框

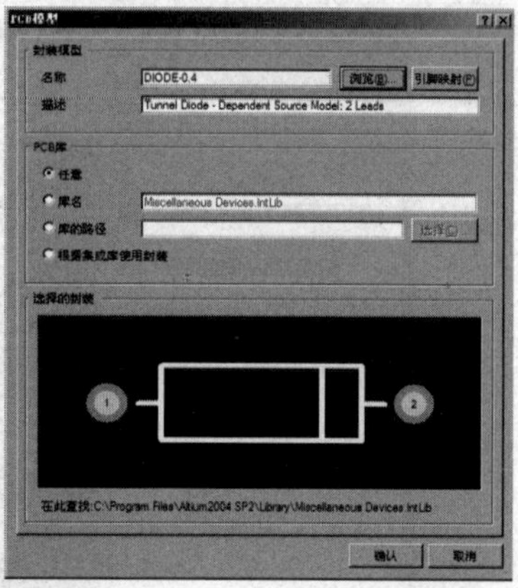

图 7-5　找到合适封装

7.3.3　生成网络表

检查完原理图元件封装后，执行主菜单命令"设计"/"设计项目的网络表"/"Protel"，生成网络表，如图 7-6 所示。

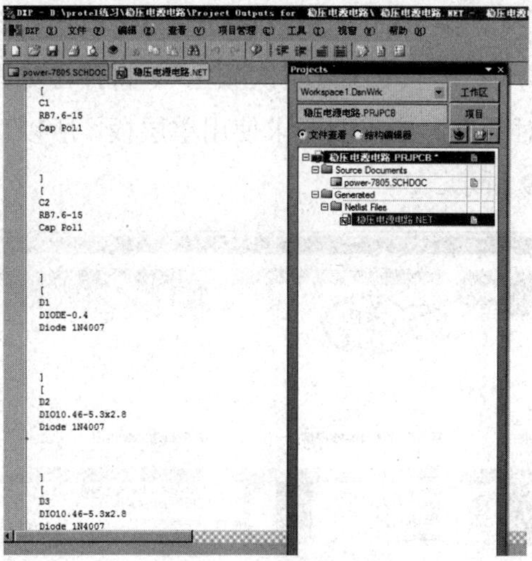

图 7-6　生成网络表

7.3.4　新建 PCB 文档

1. 手动创建 PCB 文档

在 Protel DXP 2004 主菜单下执行命令 File/New/PCB，新建一个 PCB 文档，保存为

Power-7806.PcbDoc，如图 7-7 所示。

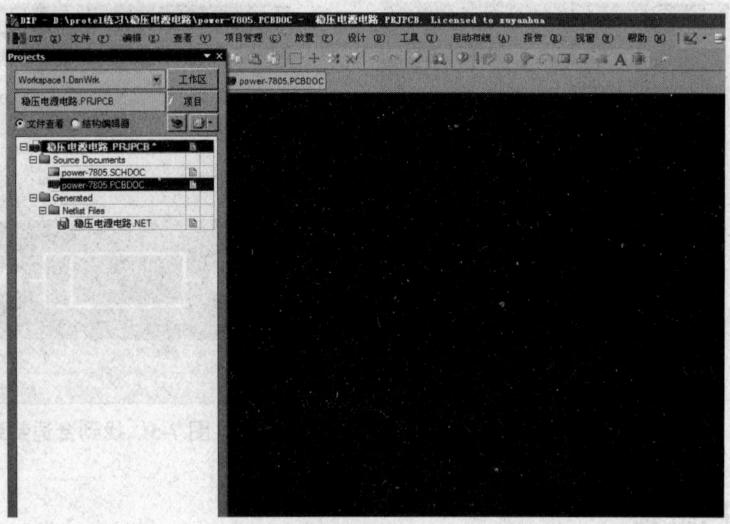

图 7-7　空白的 PCB 图

2. PCB 设置

（1）工作层设置。执行菜单命令“设计”/“PCB 板层次颜色”，或者在 PCB 文件中单击右键，单击“选择项”/“PCB 板层次颜色”，将弹出如图 7-8 所示的层面设置对话框，显示板层和颜色对话框。按范例要求使用单层板，所以可将顶层关闭，其他保留系统默认设置，如图 7-9 所示。

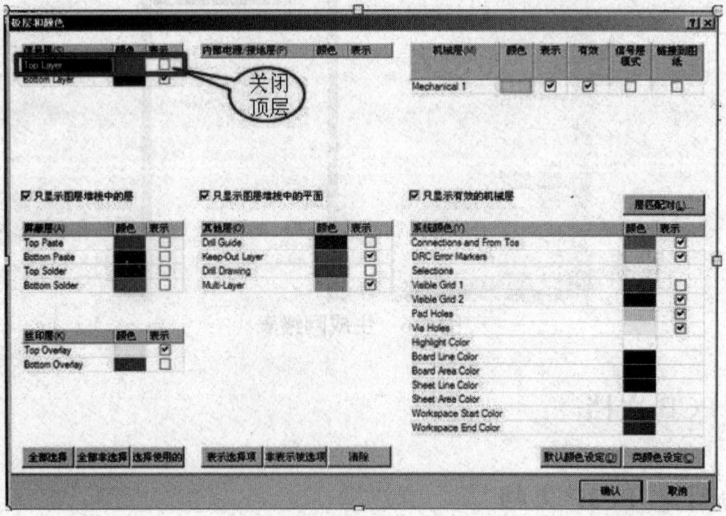

图 7-8　Board Layers 对话框

图 7-9　使用单层板

（2）使用环境设置和格点设置。执行菜单命令“设计”/“PCB 板选择项”，系统将会出现如图 7-10 所示的 Board Options 对话框。捕捉栅格设为 2.5 mm，可视网格 1 设置为 0.2 mm，可视网格 2 设置为 2 mm。

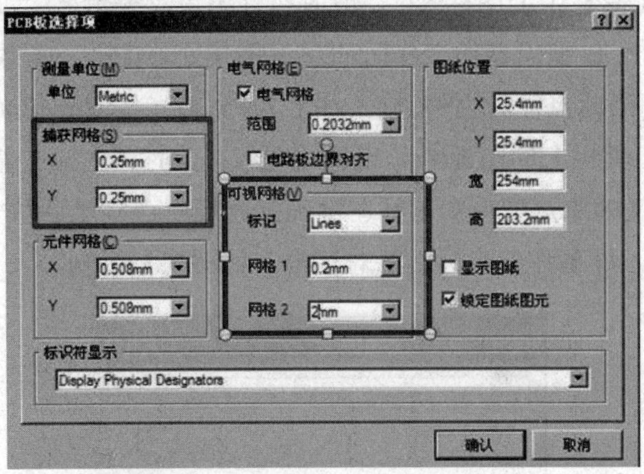

图 7-10　Board Options 对话框

（3）特殊设置。执行菜单命令“工具”/“优先设定”，系统将弹出如图 7-11 所示的 Preferences 对话框。它有在电路板命令下，有 General（一般）、Display（显示）、Show/Hide 和 Defaults（违规）、PCB 3D 五个选项卡。

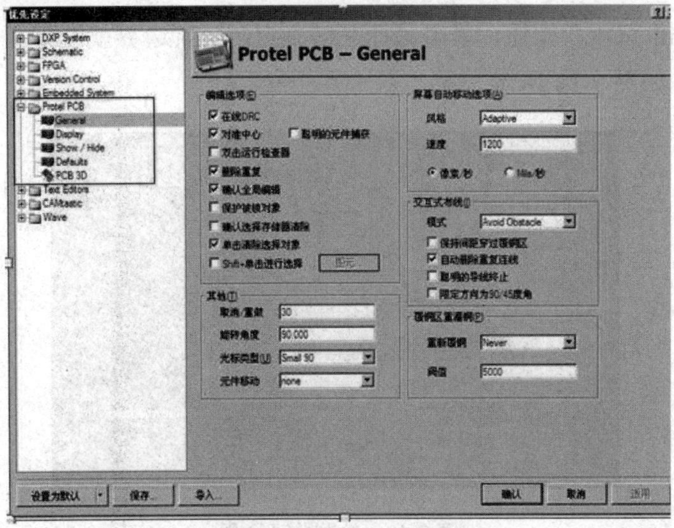

图 7-11　优先设定对话框

7.3.5 规划印制板

1. 绘制电路板物理边界

步骤 1：单击 PCB 编辑器窗口下部工作层转换按钮，将当前工作层转换到机械层 Mechanical1。

步骤 2：把单位由“mil”切换到“mm”（可利用键盘 Q 键切换）。

步骤 3：单击工具栏中的图标 ，或者执行菜单“编辑”/“原点”/“设置”，在十字光标状态下在 PCB 编辑器的工作区的左下角某处单击一下，该点就被定义为相对坐标原点（0，0），沿此点往右为+X 轴，往上为+Y 轴（按 Ctrl+End 可回到原点）。

步骤 4：单击工具栏上的图标 ，设置边框线。此时，光标连着十字形，表示处于划线状态，在刚定义的原点处单击鼠标左键确定连线起点，然后按一下键盘上的 J 键，接着再按一下 L 键，屏幕弹出坐标跳跃对话框，如图 7-12 所示。

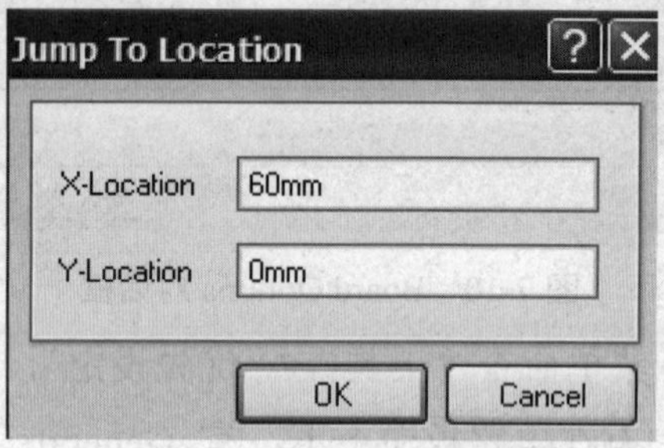

图 7-12 坐标跳跃对话框

步骤 5：点击“OK”按钮，单击鼠标左键确定，一条边界就画好了，重复此操作，画一个矩形框，如图 7-13 所示。

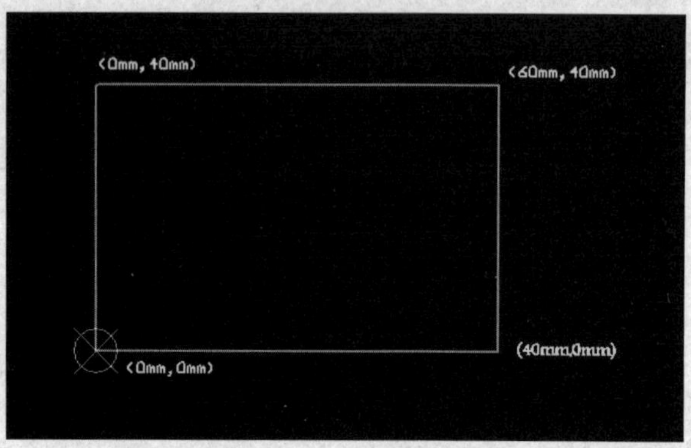

图 7-13 绘制物理边界

2. 绘制电路板的电气边框

电气边界用来限定布线及各元器件的放置范围，与规划物理边界方法相同，小于等于物理边框，只是要画在禁止布线层 Keep-Out Layer。如图 7-14 所示。

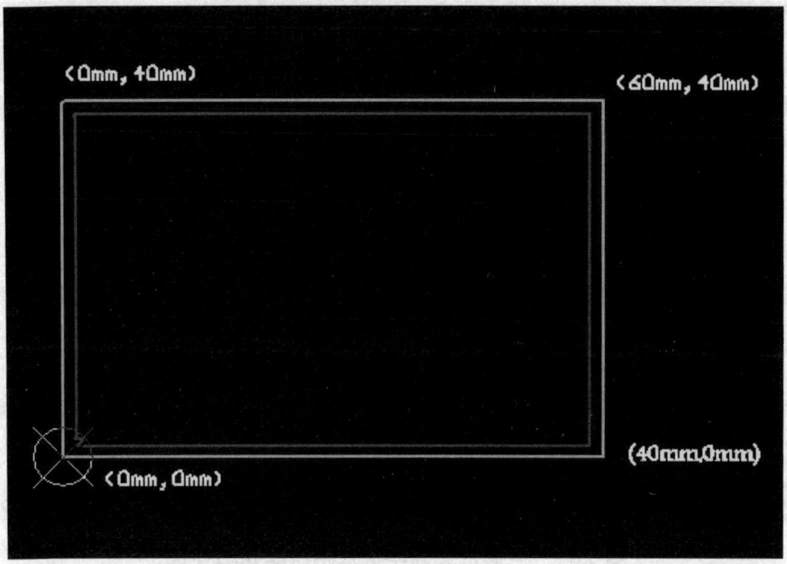

图 7-14　电路板的电气边框

7.3.6　加载网络表及元件

步骤 1： 在 PCB 编辑器中，执行菜单命令“设计”/“Import Change From 555-闪光灯电路.PRJPCB”，弹出如图 7-15 所示的“工程变化订单”对话框。

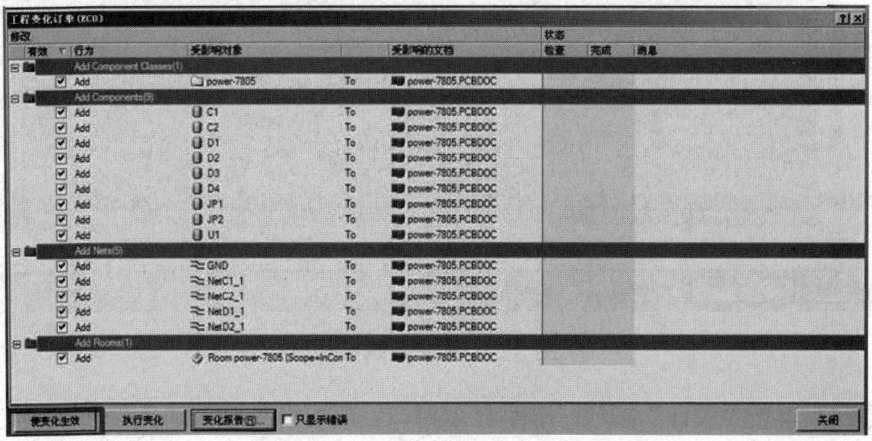

图 7-15　“工程变化订单”对话框

步骤 2： 单击“使变化生效”按钮，系统逐项检查提交的修改有无违法规则的情况，并在“状态”栏的“检查”列中显示是否正确，用“√”表示正确，用“×”表示错误。如果不正确，要返回原理图进行修改。如图 7-16 所示。

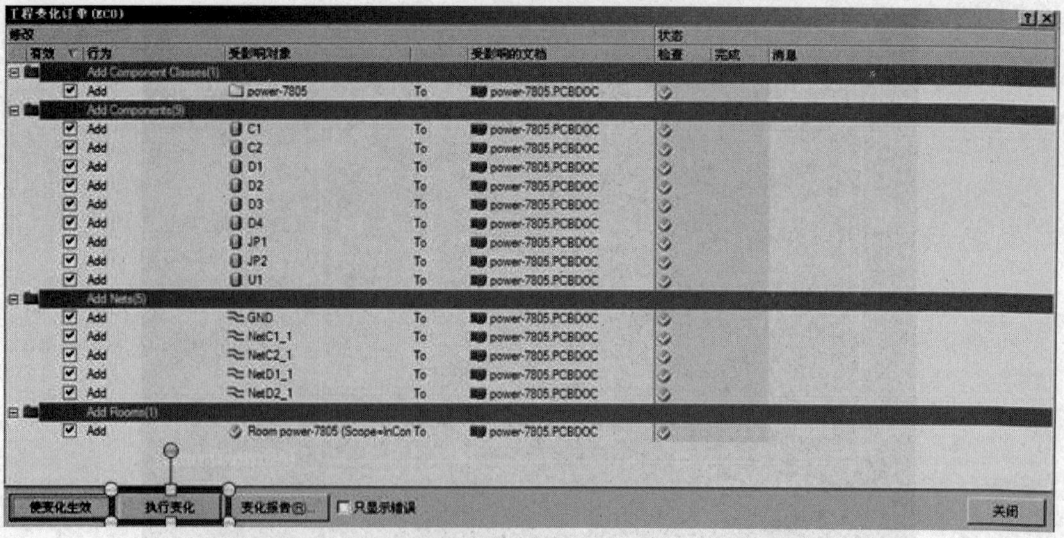

图 7-16　元器件全部正确的网络变化对话框

步骤 3： 单击“执行变化”按钮，出现如图 7-17 所示检查正确界面。

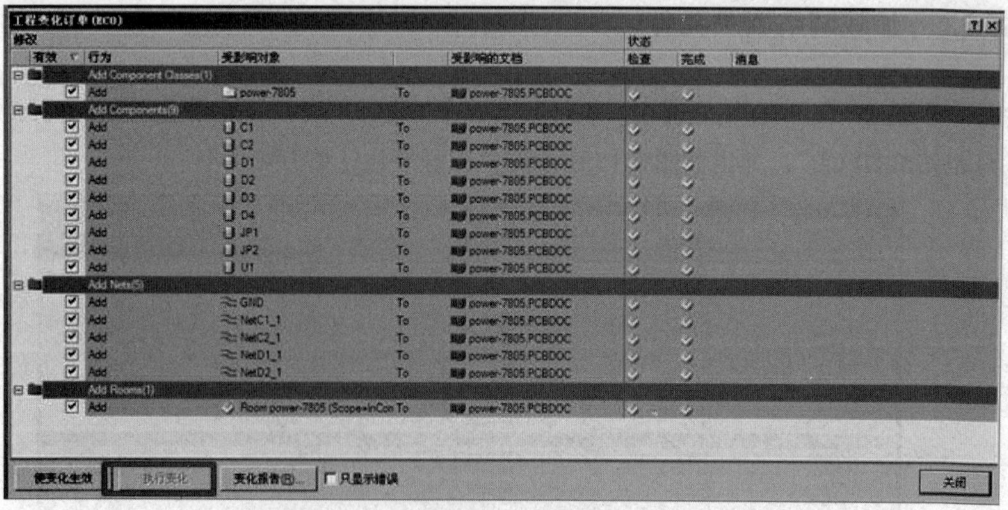

图 7-17　检查正确界面

步骤 4： 单击“关闭”按钮，缩小显示窗口，即可看见载入的元件和网络飞线，如图 7-18 所示。

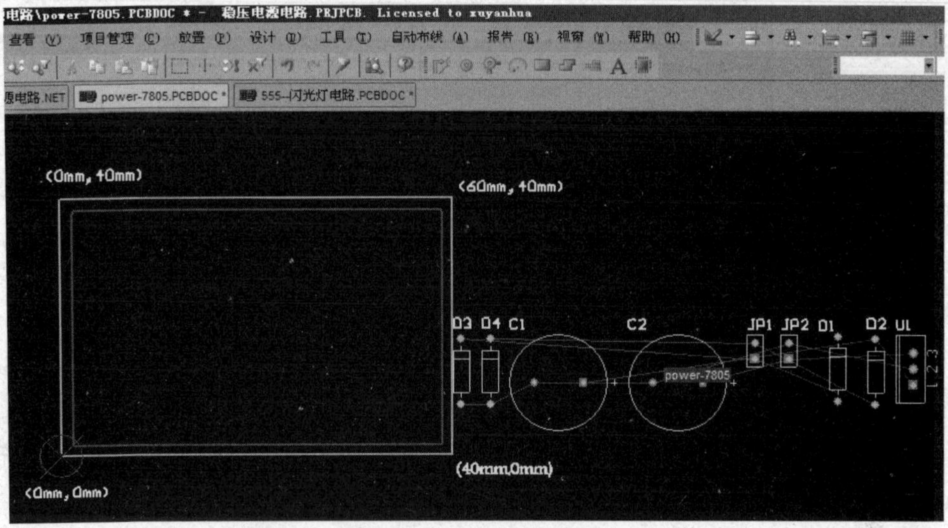

图 7-18　加载网络表和元件后的 PCB 编辑器

步骤 5: 选中电路后面的网格状的矩形框，把元件整体移动到电气边界以内的区域，然后删掉该网格状矩形框即可。如图 7-19 所示。

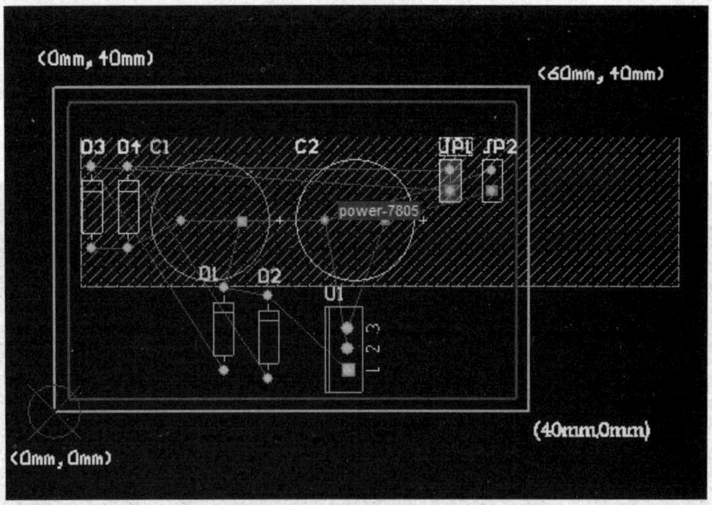

图 7-19　加载网络表及元件的结果

7.3.7　自动布局

步骤 1: 执行菜单命令“工具”/“放置元件”/“自动布局”，弹出“自动布局”对话框。如图 7-20 所示。

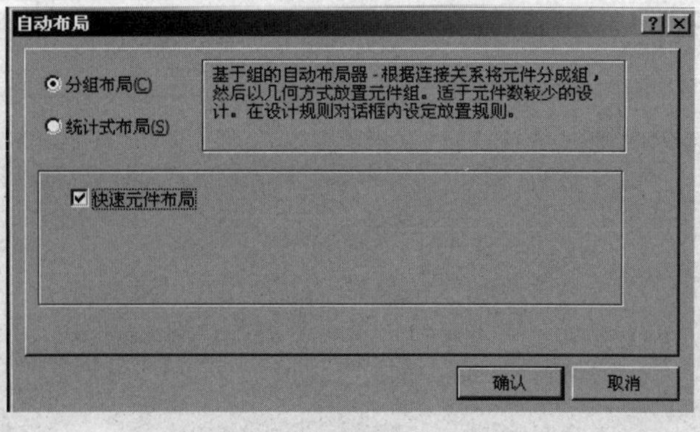

图 7-20 “自动布局”对话框

步骤 2：选择“分组布局”，并选中快速元件布局，单击“确认”按钮，系统开始自动布局。

在自动布局对话框中提供了两种自动布局方式，每种方式均采用不同的计算、优化元件位置的方法。

（1）分组布局：适合于元件数量较少的 PCB 设计。

（2）统计式布局：适合于元件数量较多的 PCB 设计。该种方式使用统计算法来放置元件，是元件间采用最短的导线来连接。

本例选择分组布局自动布局方式，单击“确定”按钮，系统开始自动布局。结果如图 7-21 所示。

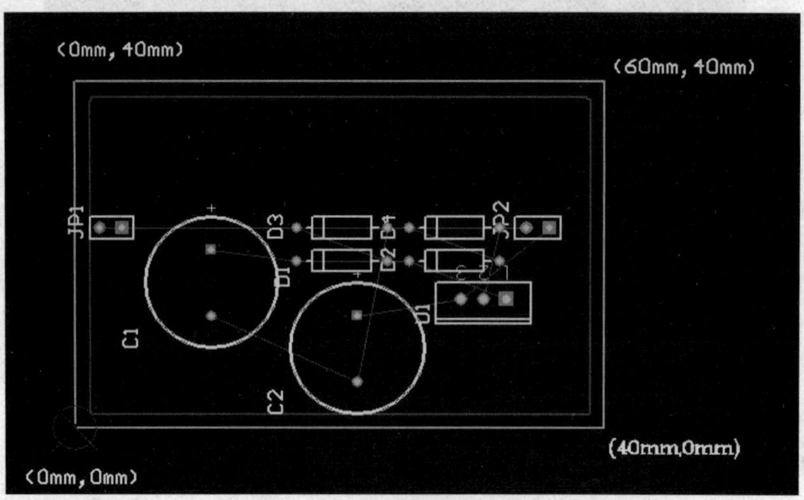

图 7-21 “自动布局”结果

7.3.8　手工调整元件布局

自动布局后的结果不太令人满意，还需要用手工布局的方法，重新调整元件的布局，使之在满足电气功能要求的同时，更加优化、更加美观。手工调整元件布局，包括元件的选取、移动和旋转等操作。可利用工具将 4 个电阻对齐且间隔一致。经过手工调整方式的调整后，稳压电源电路的布局如图 7-22 所示。

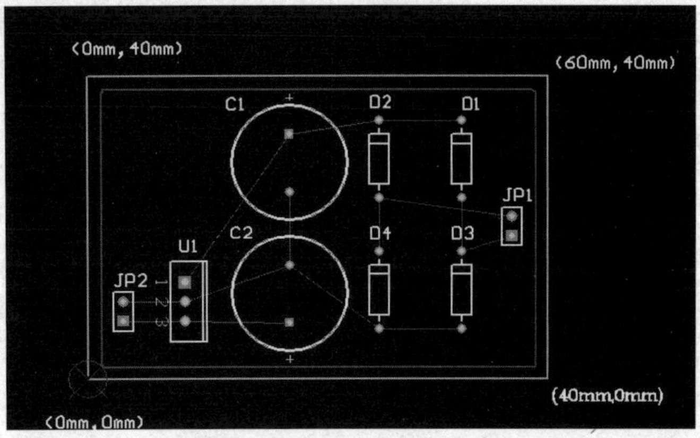

图 7-22　手工调整元件布局

7.3.9　设置自动布线规则

要采用自动布线，必须首先设置好布线规则，然后 PCB 编辑器才能按照预设的布线规则自动地完成导线的绘制，具体步骤如下：执行“设计”/“规则”菜单命令，出现如图 7-23 所示“PCB 设计规则设置”对话框。

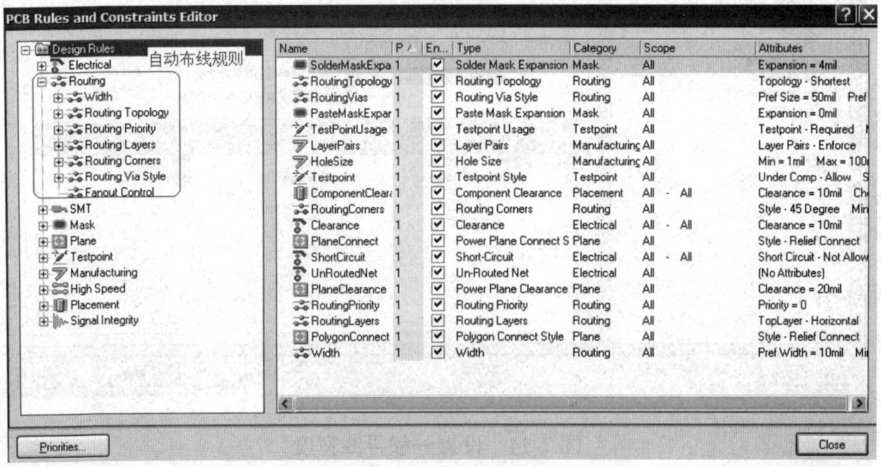

图 7-23　“PCB 设计规则设置”对话框

布线规则一般只对导线宽度和布线层面的选择进行设置，其他采用默认参数。

7.3.10　设置导线宽度规则

在电路板中，导线宽度关系到电路板的可靠性和布线难度，导线宽度太窄，一方面铜箔导线在焊接以及长期的使用过程中容易脱落、断裂，特别对于高压、大电流的导线，如电源、接地线太窄，可能造成铜箔导线电流过大而烧毁电路板等后果；另一方面导线太窄也造成电路板厂家制作困难，成本提高；但导线宽度也不是越宽越好，导线越宽，自动布线时走线越困难，布通率越低，因此在自动布线前，必须根据实际情况和具体设计要求合理设置自动布线时的导线宽度。

为了满足不同网络导线宽度的不同要求，同时不使电路板面积过大，可以采取同时设置几个导线宽度规则的办法：一般先设置一个整体电路板导线宽度的普通规则，然后根据实际情况对于大电流的个别网络导线分别设置较大的导线宽度。

1.　一般导线宽度设置

设置一般导线宽度如图 7-24 所示。

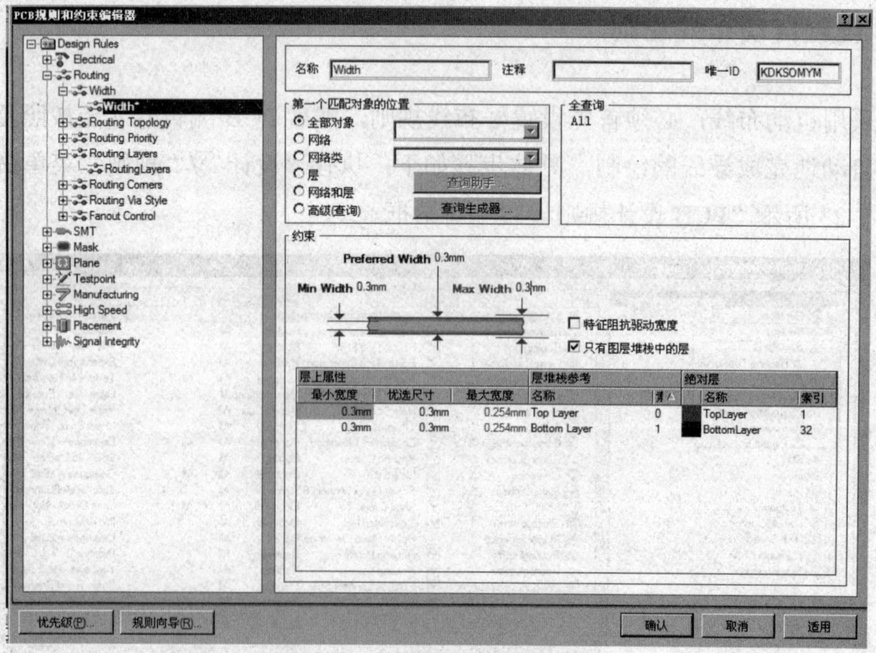

图 7-24　设置一般导线宽度

2. 电源线宽度设置

对于大电流网络我们必须单独设置导线宽度规则，如电源、接地网络等，本例中设地线 GND 导线宽度为 0.60 mm，电源 VCC 导线宽度为 0.50 mm，操作方法如下。

在导线宽度设置对话框中，选中 Width 规则项，单击鼠标右键，将弹出如图 7-25 所示的浮动菜单，选中 New Rule 新规则菜单，将在原 Width 规则项上增加一个 Width1 新导线宽度规则设置项，如图 7-26 所示。

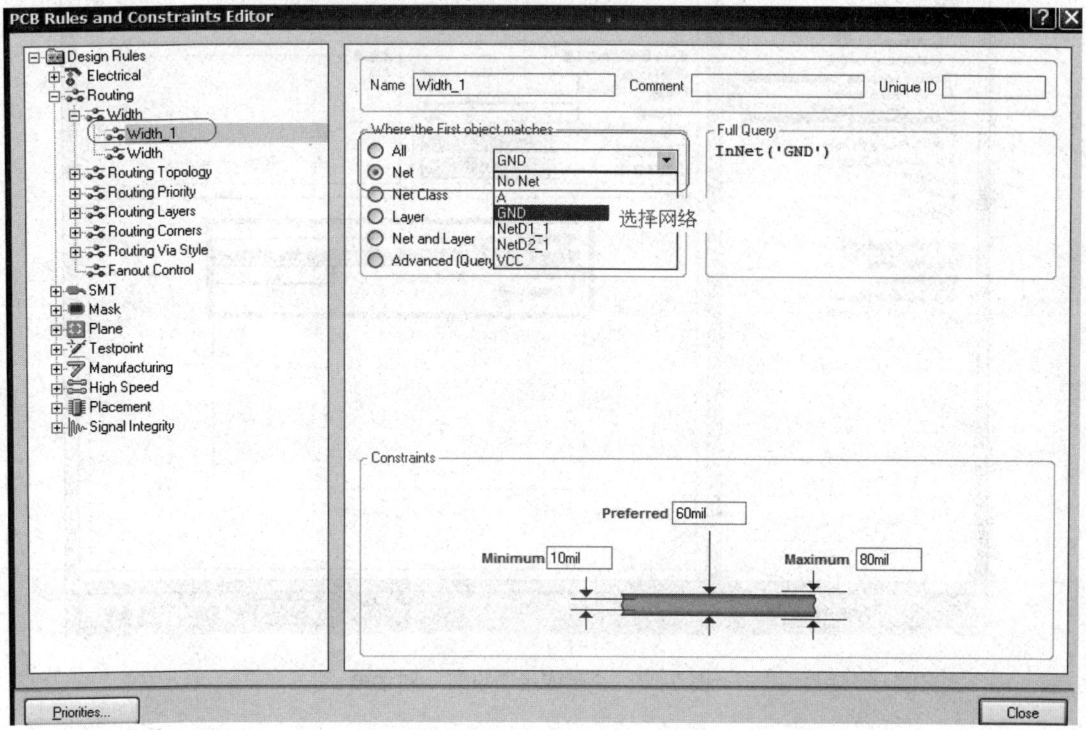

图 7-25　设置新导线宽度规则

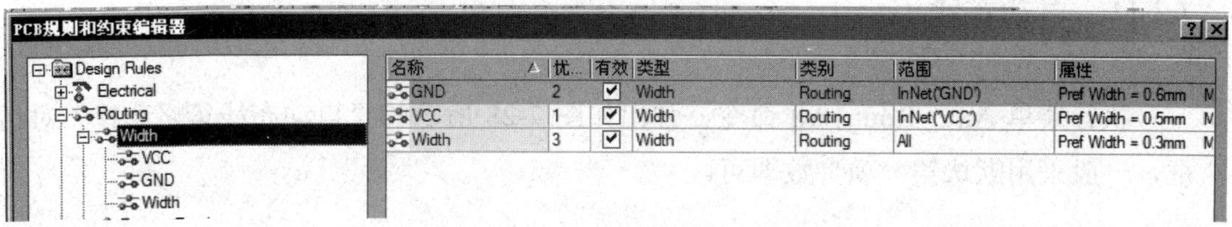

图 7-26　PCB 规则和约束编辑器

7.3.11 设置布线层面规则 Routing Layers

系统默认设置为双面板，即信号层为顶层和底层，其中顶层布线方向默认为水平方向，底层布线方向默认为垂直方向。

在自动布线规则设置对话框中，点击Routing Layers布线层面选项，将弹出如图7-27所示的“布线层面设置”对话框。

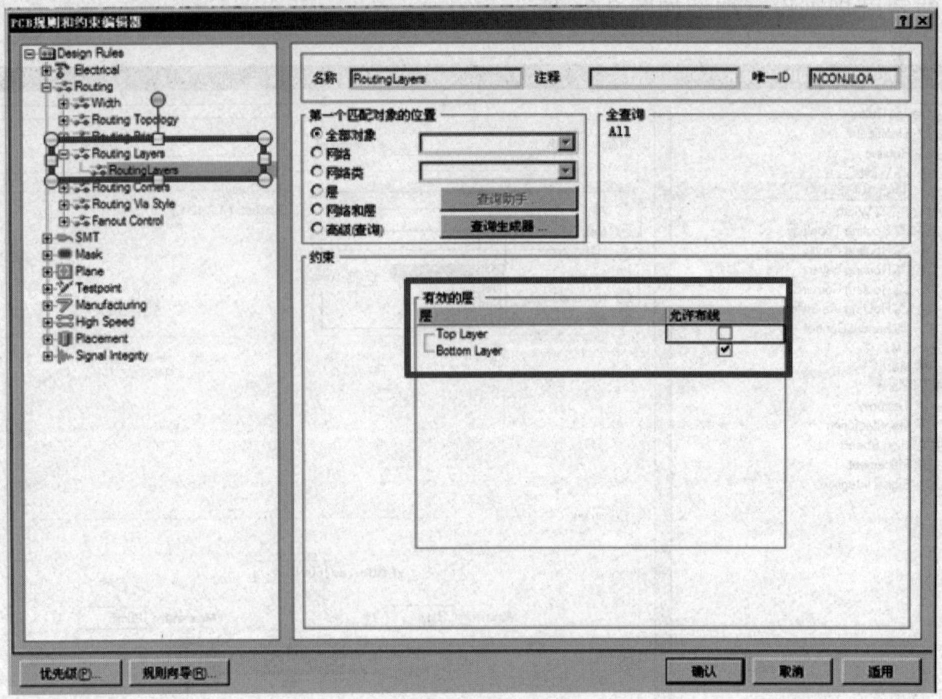

图7-27 “布线层面设置”对话框

如果要制作单面板，布线层面可设置为顶层不使用，底层布线方向没有限制。

7.3.11 自动布线

执行菜单Auto Route/All命令，弹出如图7-28所示的“自动布线策略选择”对话框，一般采用默认第一项参数即可。

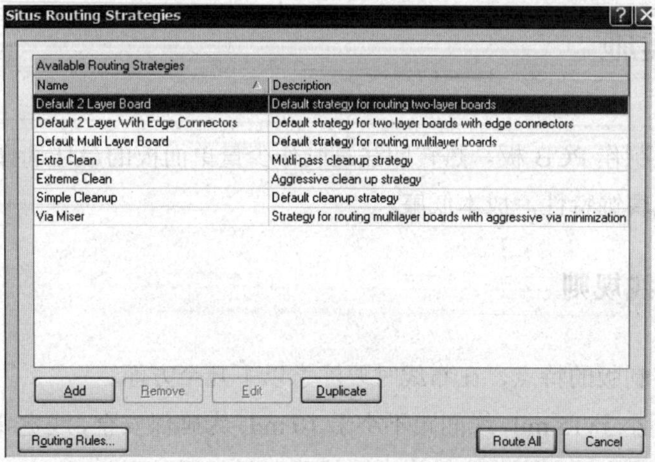

图 7-28 “自动布线策略选择”对话框

点击 Route All 所有导线按钮，将启动自动布线过程。本例中元件较少，布线速度很快，自动布线过程中弹出如图 7-29 所示的自动布线信息报告栏。

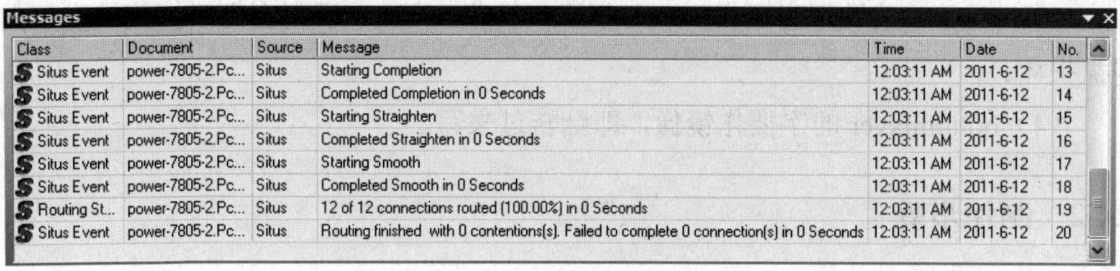

图 7-29 自动布线信息报告栏

完成自动布线后，生成如图 7-30 所示的 PCB 图。从图中可以看出，自动布线的结果存在诸多缺陷，还需手工修改改进。

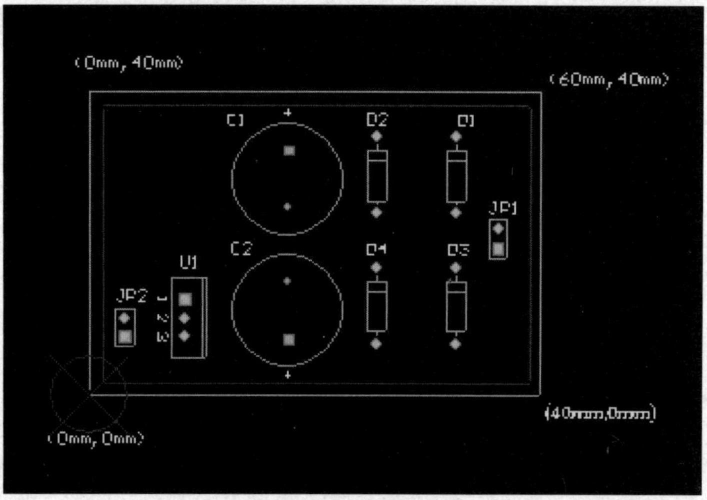

图 7-30 自动布线结果

7.4 项目实施

用热转印法制作PCB板。热转印法是制作少量单面板的最佳选择。它利用了激光打印机墨粉的抗腐蚀特性，成本低廉。

7.4.1 设计布线规则

由于热转印制版的特点，在布线时要注意以下几个方面。

（1）线宽不小于15 mil，线间距不小于10 mil。为确保安全，线宽要在25～30 mil，大电流线按照一般布线原则加宽。为布通线路，局部可以到20 mil。

（2）尽量布成单面板，无法布通时可以考虑跳接线。仍然无法布通时可以考虑使用双面板。尽量使用手工布线，自动布线往往不能满足要求。

（3）0.8 mm的孔焊盘要在70 mil以上，推荐80 mil。否则会由于打孔精度不高使焊盘损坏。

（4）bottomlayer的字要作镜像，即翻转过来写。

7.4.2 制作步骤

1. 打印底层线路图

步骤1：执行菜单File/Page setup命令进行打印设置，如图7-31所示。

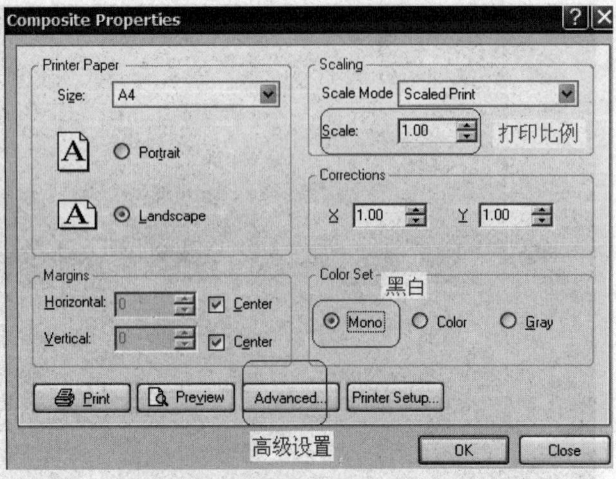

图7-31 打印设置

步骤 2：点击 Advanced 进入打印层的选择，删除不用的层，如图 7-32 所示。

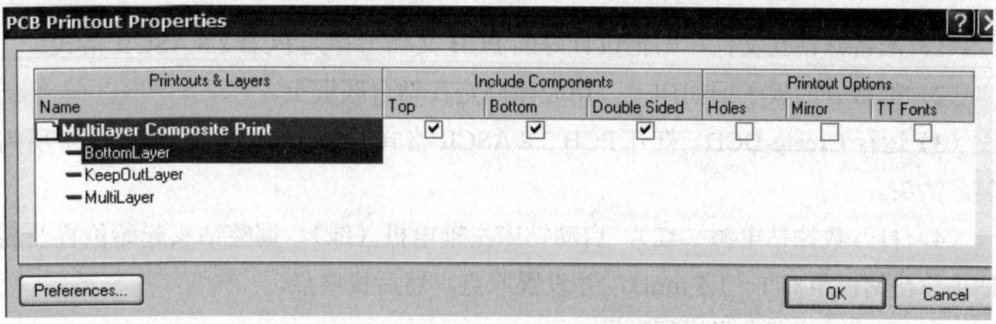

图 7-32　选择打印层

步骤 3：点击 OK，退出设置，执行菜单 File/Print preview 命令进入打印预览，如图 7-33 所示。

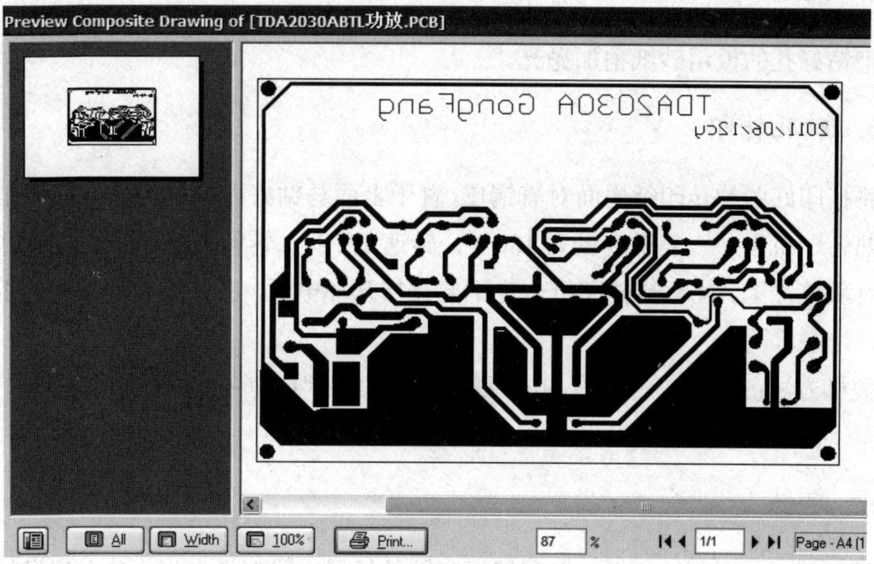

图 7-33　打印预览

如果预览正确，把热转印纸光面向上放于打印机，点击“预览”窗口的进行打印。

2. 裁板

裁板又称下料，根据设计好的 PCB 图大小来确定板材的尺寸规格，可根据具体需要进行裁板。

3. 钻孔

（1）准备好钻孔文件，即把设计好的 PCB 文档另存为 PCB 2.8 ASCII 格式。

（2）把裁好的板子铜面向上，用胶带固定在钻台底板上。

（3）运行 Create-DCD，打开 PCB 2.8 ASCII 格式的 PCB 文档，根据输出中所列孔径装好钻头。

（4）打开数控钻电源（红），启动钻床主轴电机（绿），调整钻头起始位置及高度（钻头与待钻板距离 1～1.5 mm），并设置原点，然后找终点。

（5）顺序或选择孔径进行钻孔。

（6）钻完一种规格的孔，换另一规格钻头时，关掉主轴电机（绿），上升主轴。换好钻头后，打开主轴电机，下降到合适位置，钻孔。此过程不能再设置原点、终点。

4. 抛光

把钻好孔的板用砂纸稍加抛光。

5. 对孔转印

将打印好图的转印纸墨面对着铜皮，置于上面与钻好孔的板对好孔后用纸胶带贴好，放入热转印机中，一般温度设为 180°，转速 1.2 N，转印两遍即可，没有印到的地方用油性墨笔涂上。注意热转印机一定不要直接开掉电源，应该用软件关机，否则会烧坏机器。

关机方法：连续按右边的 NET 键两下，出现“OFF”，按住 NET 不动，“4OFF”倒数至“0OFF”，自动关机。

6. 腐蚀

转印好后，揭下转印纸，把印好线路图的板子，用夹子夹好，放入腐蚀槽中，按下对流按钮，3 min 即可。腐蚀机可事先预热或将三氯化铁（一般是用 40%的三氯化铁和 60%的温水）倒入塑料盒，转印成功后的 PCB 板将铜皮面向上，不断均匀摇动，边摇边观察，直到腐蚀完成。

制作效果如图 7-34 所示。

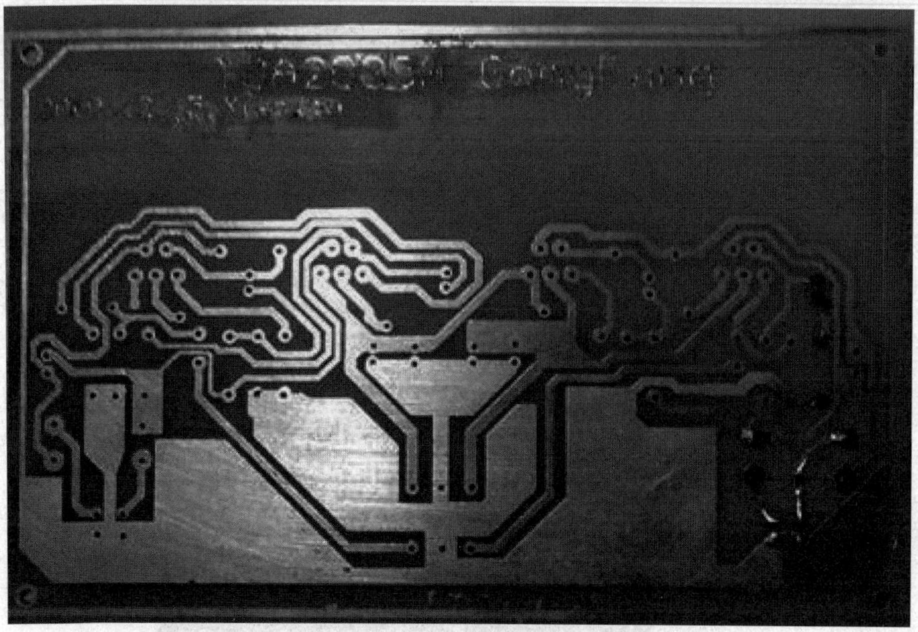

图 7-34 制作效果图

项目小结

本项目主要介绍了稳压电源 PCB 板的设计，并对 PCB 板层管理及内层建立进行了简要介绍。

通过本项目的学习，读者应掌握以下知识点。

（1）PCB 板设计流程。

（2）PCB 元件引脚封装。

（3）利用向导规划电路板。

（4）引脚封装和网络的载入。

（5）元件布局和布线规则。

项目练习

（1）绘制多谐振荡器电路原理图，PCB 板参考效果如图 7-35 所示。

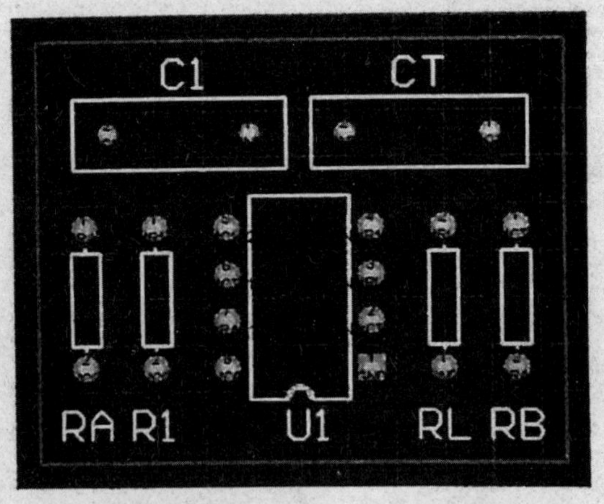

图 7-35　多谐振荡器电路 PCB 板参考效果图

（2）绘制多级放大器电路原理图，PCB 板参考效果如图 7-36 所示。

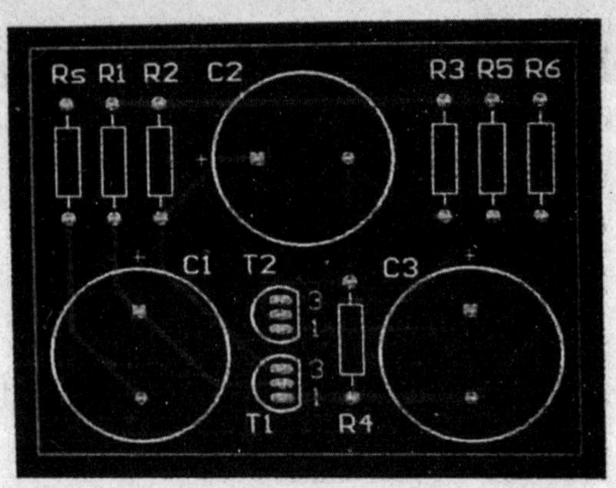

图 7-36　多级放大器电路 PCB 板参考效果图

（3）绘制直流稳压电源电路原理图，PCB 板参考效果如图 7-37 所示。

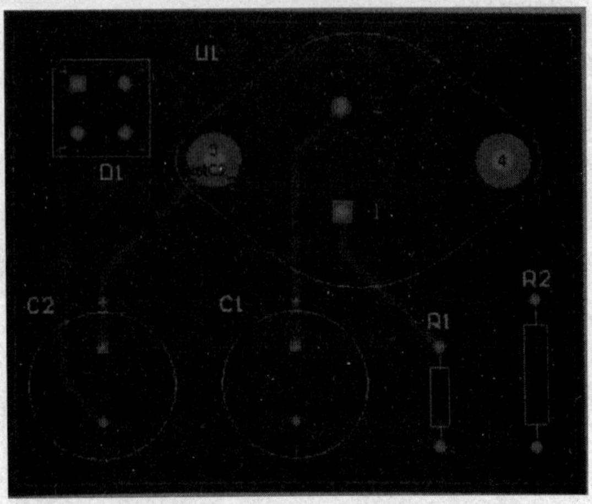

图 7-37　直流稳压电源电路 PCB 板参考效果图

项目 8　数码管封装库设计

8.1　项目分析

本项目将利用向导创建数码管的 PCB 元件引脚封装，手工直接创建变压器的 PCB 元件引脚封装，重点介绍编辑、创建 PCB 元件引脚封装的不同方法，为制作含有新封装元件或非标准封装元件的电路板打下基础。

8.2　项目要求与能力目标

【项目要求】

自制 PCB 元件引脚封装的方法主要有利用向导的方法制作、采用手工绘制的方法、对封装库中原有的引脚封装进行编辑修改三种方法。必须熟练掌握其中一种方法，并制作完成的数码管封装库设计。

【能力目标】

通过完成“数码管封装库设计”的任务，可以培养以下能力。

- 理解为什么要自制 PCB 元件引脚封装。
- 掌握创建 PCB 引脚封装库文件的方法。
- 掌握 PCB 元件引脚封装的编辑方法。
- 掌握利用向导和手工二种方法创建 PCB 元件引脚封装。

8.3　项目准备

电子元器件种类繁多，随着电子技术的不断发展，新封装元件和非标准封装元件将不断涌现，Protel DXP 的 PCB 封装库中不可能包含所有元件的引脚封装，更不可能包含最新元件或非标准封装元件的引脚封装，为了制作含有这些元件的 PCB 板，必须自制 PCB 元件的引脚封装。

8.3.1 自制 PCB 元件引脚封装的方法

自制 PCB 元件引脚封装的方法主要有以下三种。

（1）利用向导的方法制作，该方法操作较为简单，适合于外形和管脚排列比较规范的元件。

（2）采用手工绘制的方法，操作较为复杂，但能制作外形和管脚排列较为复杂的元件封装。

（3）对封装库中原有的引脚封装进行编辑修改，使其符合实际的需要，该方法适合于所需引脚封装和原封装库中已有的引脚封装差别不大的情况，如三极管、二极管的封装改进等。

8.3.2 自制 PCB 元件引脚封装的注意事项

元件引脚封装一般指在 PCB 编辑器中，为了将元器件固定、安装于电路板而绘制的与元器件管脚距离、大小相对应的焊盘，以及元件的外形边框等，由于它的主要作用是将元件固定、焊接在电路板上，因此它在焊盘的大小、焊盘间距、焊盘孔径大小、管脚的次序等参数上有非常严格的要求，元器件的封装和元器件实物、电路原理图元件管脚序号三者之间必须保持严格的对应关系，为了制作正确的封装，必须参考元件的实际形状，测量元件管脚距离、管脚粗细等参数。

8.4 项目实施

8.4.1 创建 PCB 元件封装库文件

在 Protel DXP 中，为了便于文件的保存和管理，PCB 元件的引脚封装并非以独立文件形式保存，而是较多的 PCB 元件引脚封装组合在一起形成一个 PCB 元件封装库文件，所以在自制 PCB 元件引脚封装前，必须先新建一个 PCB 元件封装库文件，然后在该封装库文件的基础上，新建各 PCB 元件引脚封装。

1. 新建 PCB 元件封装库文件

执行菜单命令“File”/“NEW”/“PCB Library”，可进入 PCB 封装库文件编辑器，同时可以看到工程窗口中多了一个默认文件名为PcbLib1.PcbLib的文件，如图 8-1 所示。

图 8-1　新建 PCB 元件封装库文件

2. 将当前面板转换为 PCB 封装库工作面板

点击左边工作区面板窗口的“PCB Library”标签，将当前面板转换为 PCB 封装库工作面板，如图 8-2 所示。

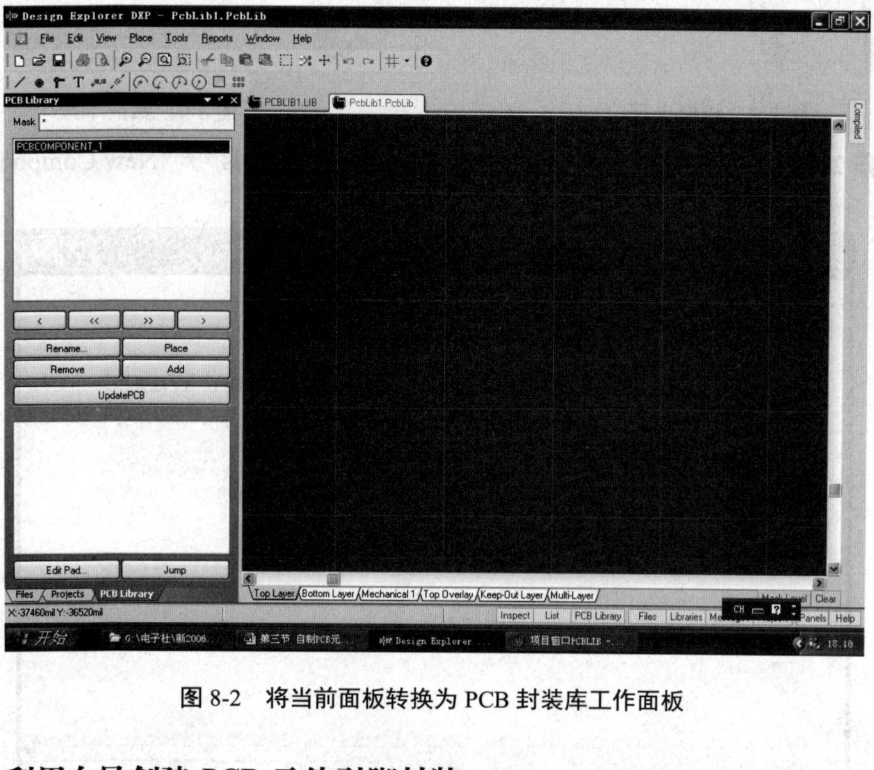

图 8-2　将当前面板转换为 PCB 封装库工作面板

8.4.2　利用向导创建 PCB 元件引脚封装

下面将介绍利用向导创建数码管引脚封装的具体操作和步骤，该方法操作较为简单，适合于外形和管脚排列比较规范的元件，是自制 PCB 元件引脚封装的首选方法。在自制 PCB 元件引脚封装之前，必须首先获得该元件的封装参数，常用的参数有管脚数目、排列顺序、粗细、间距，元件外形轮廓等，以上参数可以从网上或元件供应商处查阅获得，也可以直接利用游标卡尺等测量得到。

步骤 1：确定元器件封装参数。为了精确的测量元件的管脚粗细以及间距参数，一般选用卡尺进行测量，如图 8-3 所示为机械卡尺，读数需要用户自己根据标尺位置计算，操作比较麻烦。也可采用如图 8-4 所示的数码卡尺，读数在液晶屏上直接显示，方便直观。

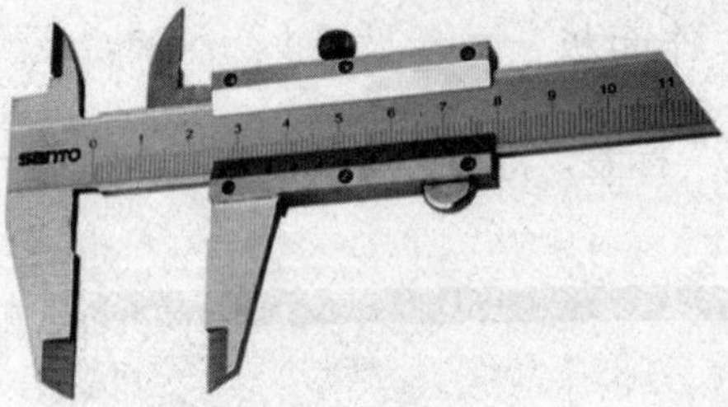

图 8-3　机械卡尺

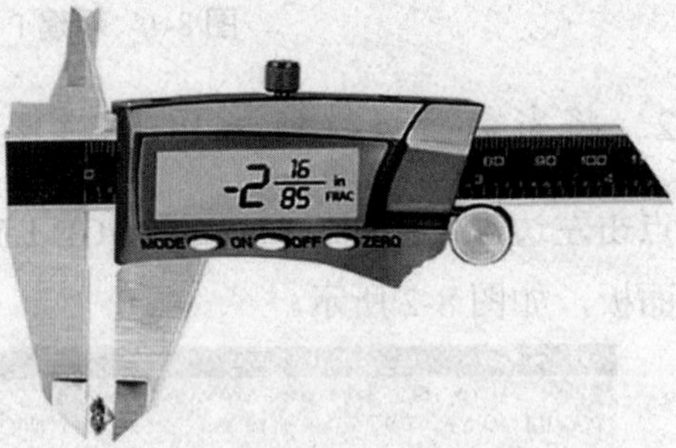

图 8-4　数码卡尺

步骤 2：利用向导创建 PCB 元件引脚封装。执行“Tools”/“New Component”菜单命令，弹出如图 8-5 所示的欢迎界面。

图 8-5　欢迎界面

步骤 3：单击“Next”按钮，弹出如图 8-6 所示对话框，选择封装种类和尺寸单位。

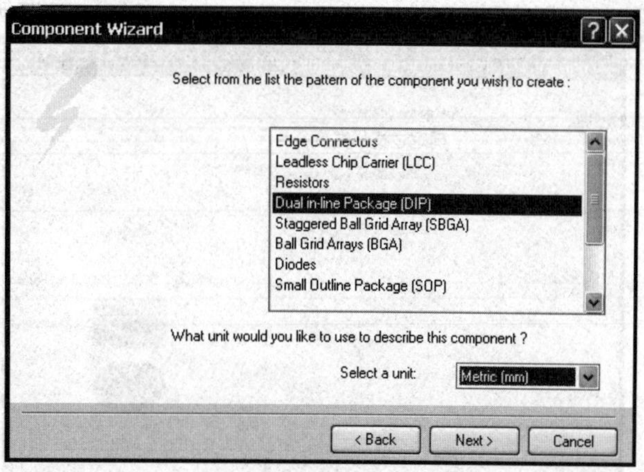

图 8-6　选择封装种类和尺寸单位

步骤 4： 单击“Next”按钮，弹出如图 8-7 所示的对话框，设置焊盘参数。

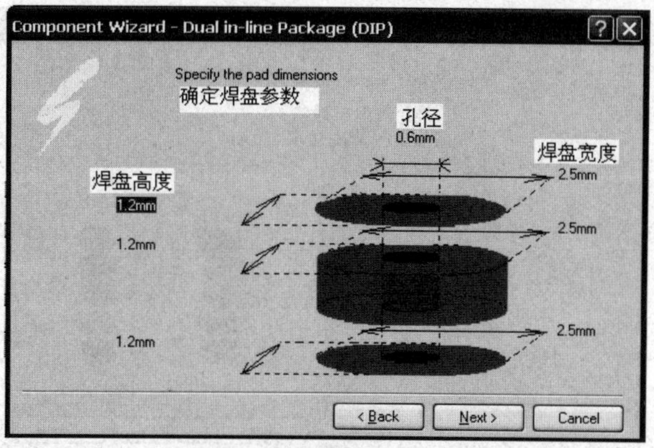

图 8-7　设置焊盘参数

步骤 5： 单击“Next”按钮，弹出如图 8-8 所示的对话框，设置焊盘间距。

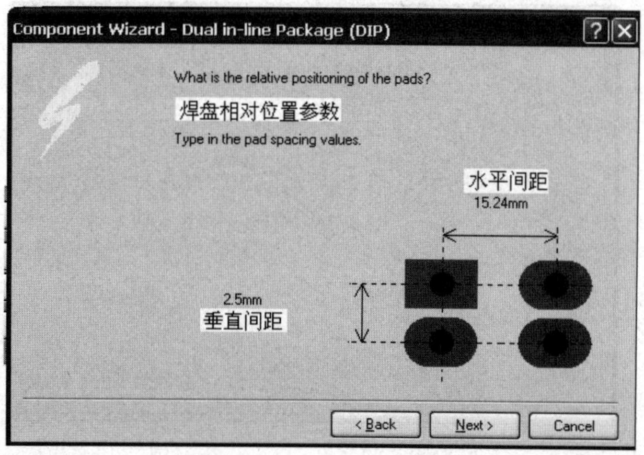

图 8-8　设置焊盘间距

步骤 6：单击“Next”按钮，弹出如图 8-9 所示的对话框，设置外围边框导线宽度。

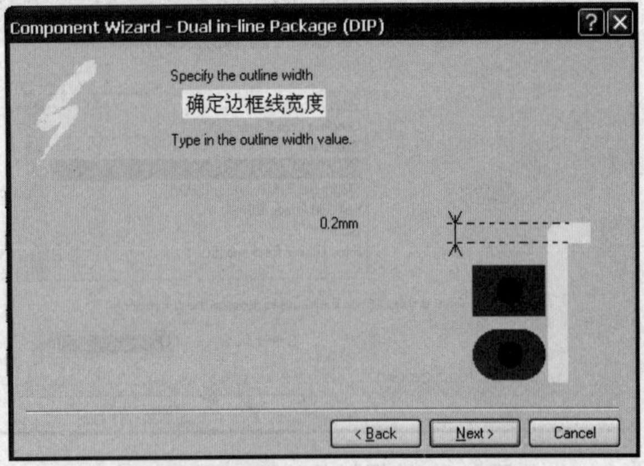

图 8-9　设置外围边框导线宽度

步骤 7：单击“Next”按钮，弹出如图 8-10 所示的对话框，设置焊盘数量。

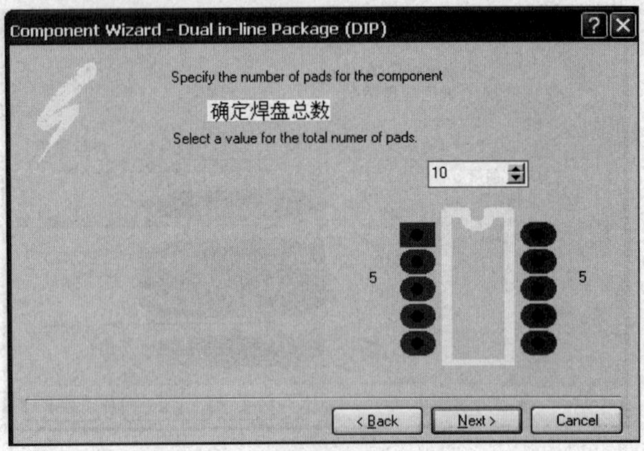

图 8-10　设置焊盘数量

步骤 8：单击“Next”按钮，弹出如图 8-11 所示的对话框，给封装命名为“ZZDIP10”。

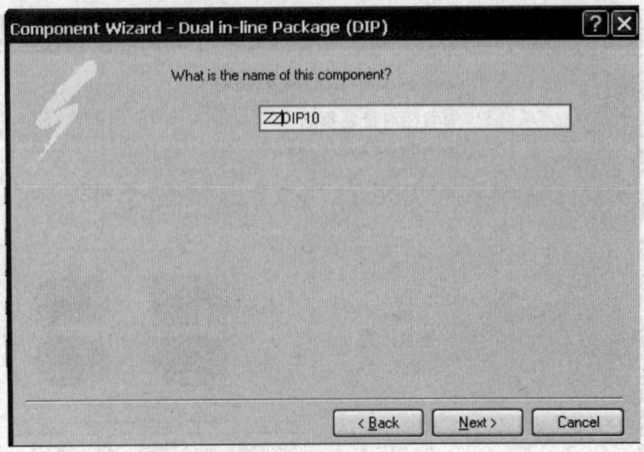

图 8-11　封装命名

步骤 9：单击“Next”按钮，弹出如图 8-12 所示的结束对话框。

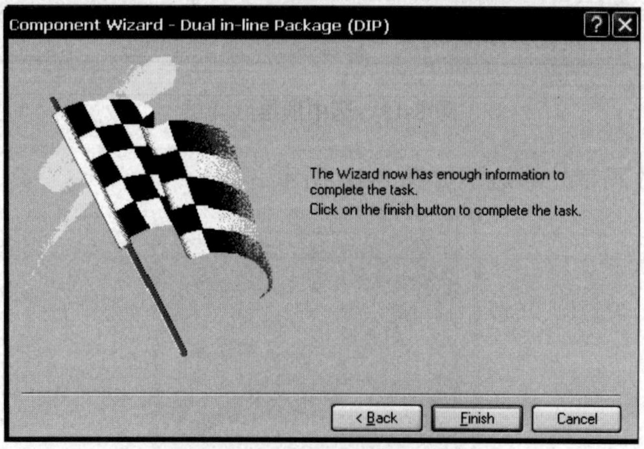

图 8-12　结束对话框

步骤 10：单击“Finish”按钮，初步制作完成的数码管封装，如图 8-13 所示。

图 8-13　初步制作完成的数码管封装

步骤 11：旋转 90°后的数码管封装如图 8-14 所示。

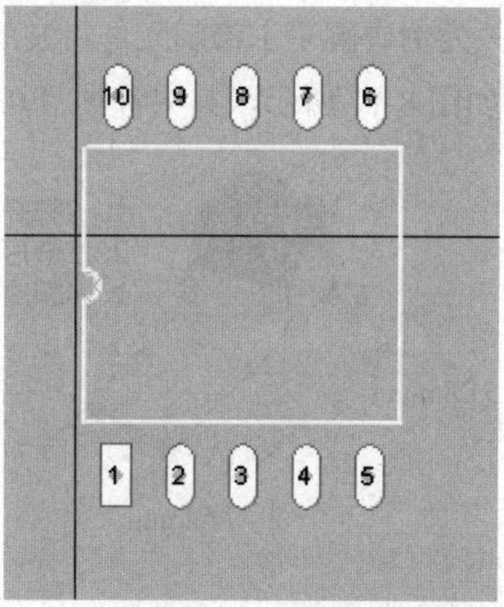

图 8-14　旋转 90°后的数码管封装

步骤 12：选中顶层丝印层，如图 8-15 所示。

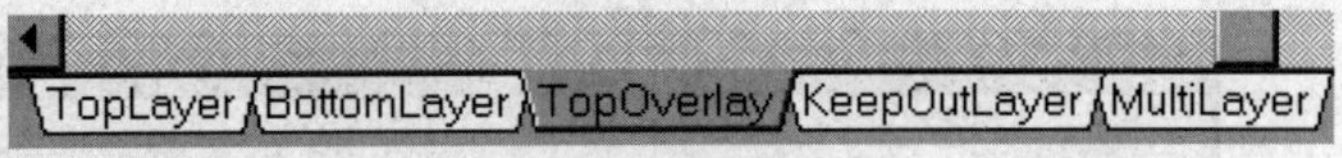

图 8-15　选中顶层丝印层

制作完成的数码管外形边框如图 8-16 所示。

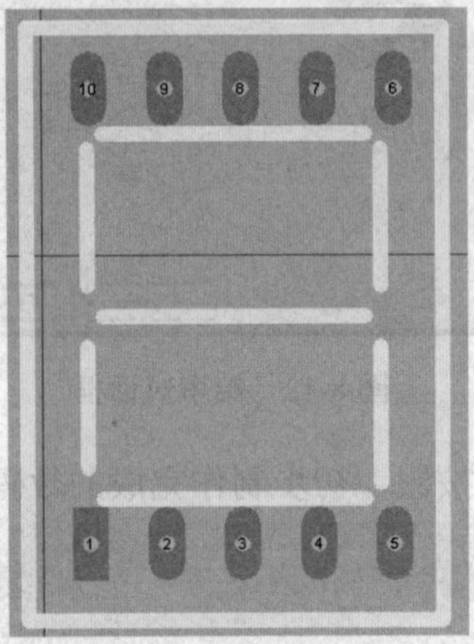

图 8-16　制作完成的数码管外形边框

8.4.3　手工创建按键开关引脚封装

利用向导制作封装的方法一般要求元件的外形和管脚排列较为规范，对于某些外形和管脚排列不规范的元件（如开关电源中的变压器、音频输出插座、某些电位器等），管脚位置、间距等参数很不规范，采用向导制作较难完成，必须采用手工制作封装的方法。下面以本例中的按键开关为例讲解手工绘制元件封装的具体步骤，按键开关的外形以及用卡尺测量的管脚参数如图 8-17 所示，其中管脚粗 0.5 mm。

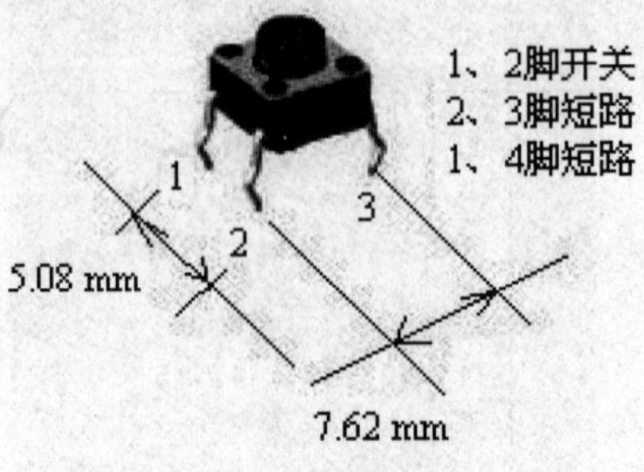

图 8-17　管脚参数

1. 新建下一个 PCB 元件引脚封装

步骤 1： 执行菜单命令“Tools”/“New Component”，弹出“新建元件”对话框，如图 8-18 所示。

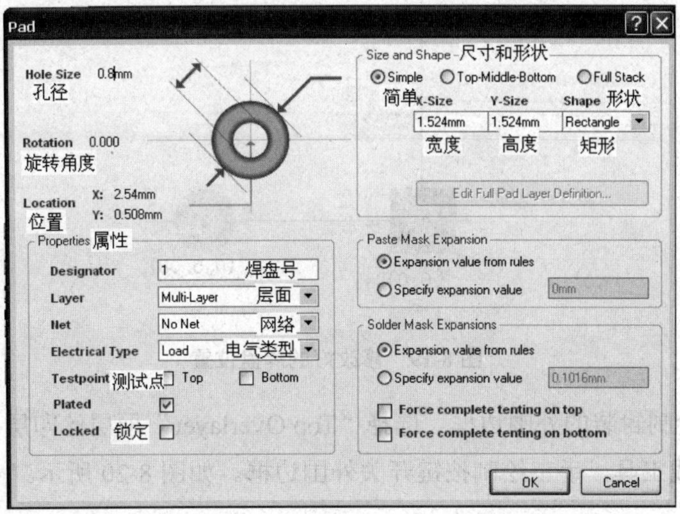

图 8-18　“新建元件”对话框

步骤 2： 在欢迎向导对话框中，单击“Cancel“”取消按钮，将中止向导操作，直接进入 PCB 元件引脚封装编辑器。

步骤 3： 放置焊盘，并设置属性。

注意： 在放置焊盘的过程中，必须注意焊盘的序号“Designator”必须和原理图元件的引脚序号、元件管脚序号相一致，否则在制作 PCB 板时将发生元件管脚连线错误，或发生管脚连不上导线等严重错误。

在图纸中放置第一个焊盘，然后再双击弹出焊盘的属性对话框，修改 X 坐标、Y 坐标全为 0，使其成为参考定位焊盘。

步骤 4： 焊盘位置和坐标示意图。继续放置焊盘，注意焊盘的定位。先在大约位置上放置其他焊盘，然后双击各焊盘，在属性对话框中分别设置各自的坐标和序号，因为第 1 个焊盘的坐标已经设置为 X=0 mm，Y=0 mm，根据按键开关尺寸参数，1、2 脚距离为 6.08 mm，所以第 2 个焊盘的坐标为 X＝6.08 mm，Y=0 mm。因为 2、3 管脚的距离为 8.62 mm，所以第 3 个焊盘的坐标为 X＝6.08 mm，Y=8.62 mm，第 4 个焊盘的坐标为 X＝0 mm，Y=8.62 mm，修改好的焊盘位置如图 8-19 所示。

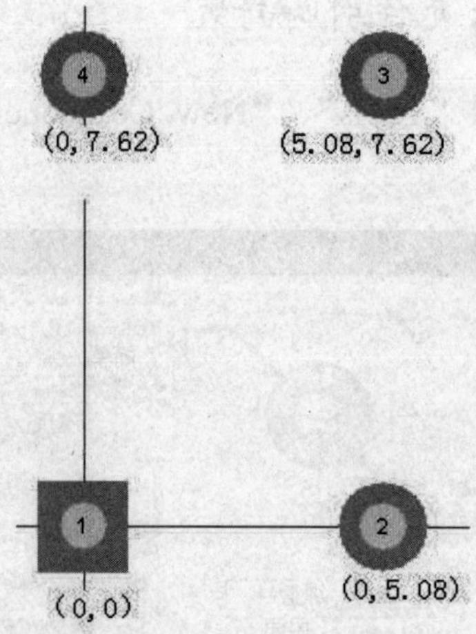

图 8-19　修改好的焊盘位置

步骤 5： 绘制封装的外围边框。选择“Top Overlayer”顶层丝印层，再利用放置工具中的绘制导线工具，手工绘制按键开关外围边框。如图 8-20 所示。

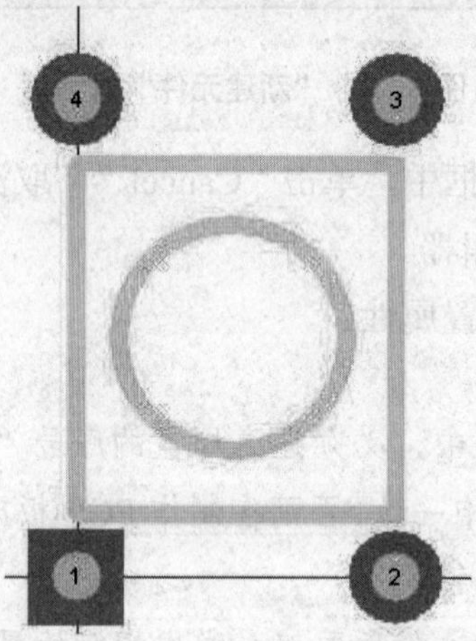

图 8-20　手工绘制按键开关外围边框

步骤 6： 修改封装名称。执行菜单“Tools”/“Rename component”元件重命名，在弹出的对话框中，修改封装名称为“AJ1”。

步骤 7： 设置参考点的位置。执行菜单“Edit”/“Set Reference”选择 Pin 1 或 Center 或 Location.

2. 复制、编辑三极管引脚封装

在绘制 PCB 板时，有时可能遇到以下情况，既 Protel DXP 封装库中虽然有该类型的引脚封装，可引脚封装和实际元件之间存在一定差异。该情况当然可以采用创建 PCB 元件引脚封装的方法重新创建，但需要花费较多的时间，特别是对于引脚较多，封装较复杂的元件。此时，可以采取编辑该引脚封装的方法，但如果直接在原封装库中编辑修改，可能破坏原封装库，同时下次可能又要使用该封装未编辑前的 PCB 引脚封装，所以最好将引脚封装复制，再进行编辑修改的方法，这样既不破坏原封装库，保持了原引脚封装，又满足了本次 PCB 板的要求。

下面以修改三极管的封装为例。图 8-21（a）为原封装库中三极管封装 BCY-W3；图 8-21（b）PNP 三极管的原理图符号；图 8-21（c）为使用的 9012 三极管的的管脚极性，按照实际三极管的极性要求和原理图符号的引脚序号，需要将原三极管封装修改为图 8-21（d）所示。

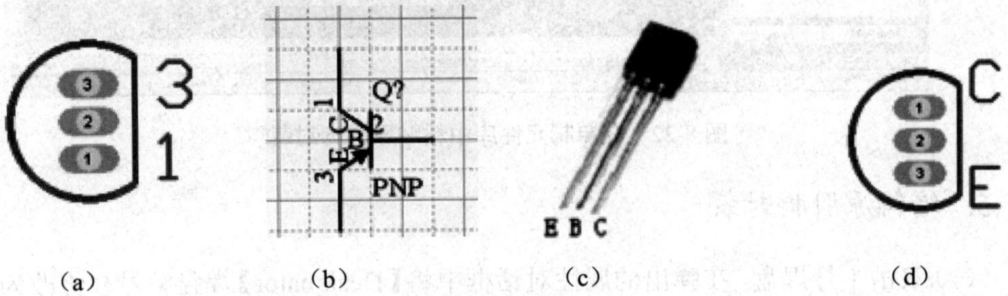

图 8-21　三极管的封装

3. 复制原三极管封装 BCY-W3

步骤 1： 将原三极管封装 BCY-W3 通过库文件面板放置到 PCB 板中，并双击打开其属性对话框，将元件编号栏“Designator”清空，只留下三极管的引脚封装。

步骤 2： 选取该三极管引脚封装，并按 Ctrl+C 键将其复制到剪贴板。

步骤 3： 将放置到 PCB 板中的原三极管封装 BCY-W3 删除。

4. 在自制元件库中粘贴原引脚封装

步骤 1： 打开新建的 PCB 封装库文件。

步骤 2： 新建下一个 PCB 元件引脚封装。执行菜单命令“Tool”/“New Component”，弹出新建元件引脚封装对话框。

步骤 3： 在欢迎向导对话框中，单击“Cancel”按钮，将中止向导操作，直接进入 PCB 元件引脚封装编辑器。

步骤 4：在图纸中心按 Ctrl+V 键粘贴原复制的三极管封装，如图 8-22 所示。

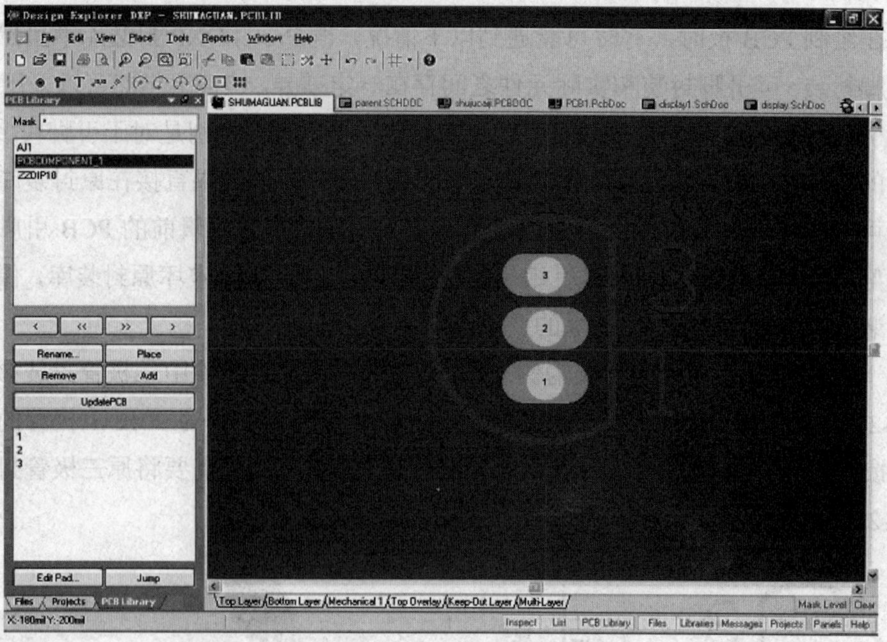

图 8-22　在自制元件库中粘贴原引脚封装

5. 编辑原引脚封装

（1）双击 1 号焊盘，在弹出的属性对话框中将【Designator】焊盘编号栏修改为 3。

（2）同方法将 3 号焊盘修改为 1。

（3）将文字 1 修改为 E，文字 3 修改为 C。如图所示。

（4）修改封装名称。执行菜单【Tools】/【Rename component】元件重命名，在弹出的对话框中，修改封装名称为“ZZBCY1”。

修改好的三极管封装如图 8-23 所示。

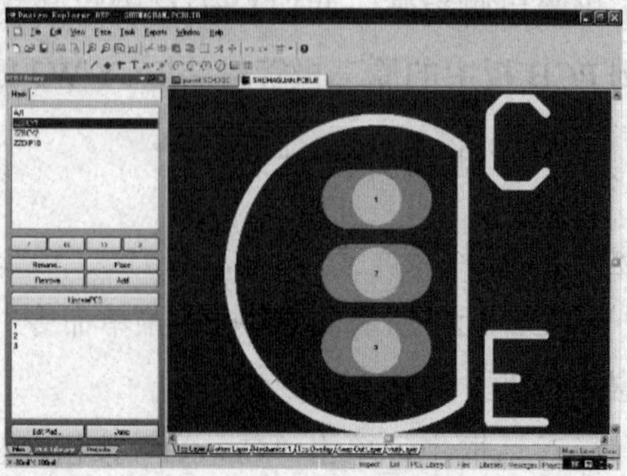

图 8-23　修改好的三极管封装

项目小结

本项目通过数码管封装库文件的设计主要介绍了制作 PCB 元件引脚封装的几种方法，重点讲解了利用向导产生元件引脚封装并进行必要的修改，本项目是后面各章节的基础。

通过本项目的学习，读者应掌握以下知识点。

（1）创建 PCB 元件封装库文件。

（2）新建 PCB 封装库文件。

（3）封装库工作面板的切换。

（4）手工创建引脚封装。

（5）引脚封装编辑。

项目练习

制作如图 8-24 所示的开关变压器的引脚封装，焊盘间距尺寸如图所示，其中焊盘参数如下：X-Size＝2.5 mm，Y-Size＝1.2 mm，Hole Size＝0.9 mm。

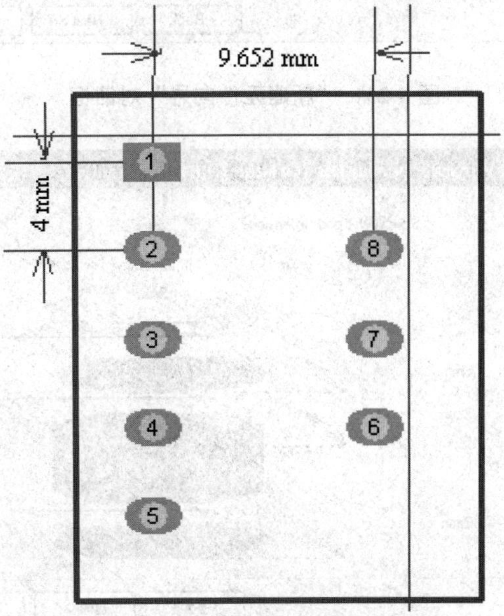

图 8-24　开关变压器的引脚封装

该封装管脚排列基本规范，分为二列，列间间距为 9.652 mm，同列焊盘间距为 4 mm，但右边列的焊盘少二个，所以可以采取先由向导产生双列 10 焊盘的封装，再对其进行手工修改。

操作步骤和提示

（1）新建 PCB 封装库文件，保存为“MYPCBLIB1.PcbLib”。

（2）执行菜单命令“Tools”/“New Component”，弹出“新建元件向导”对话框，依据提示制作出双列 10 焊盘的封装，主要的制作步骤和参数如图 8-25 至图 8-33 所示。

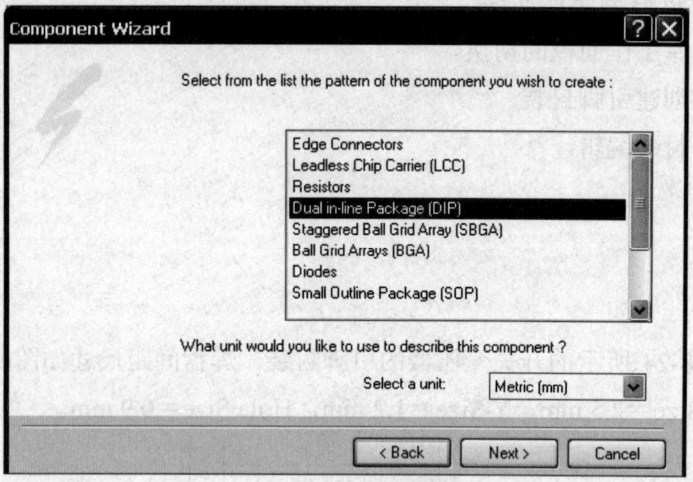

图 8-25 “新建元件向导”对话框

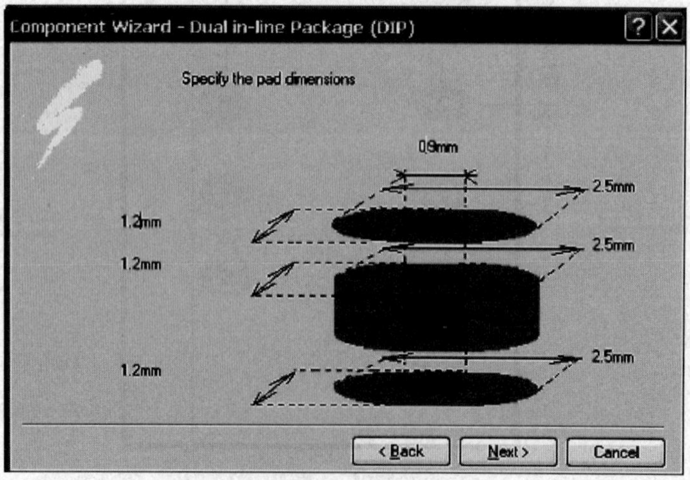

图 8-26 确定焊盘参数

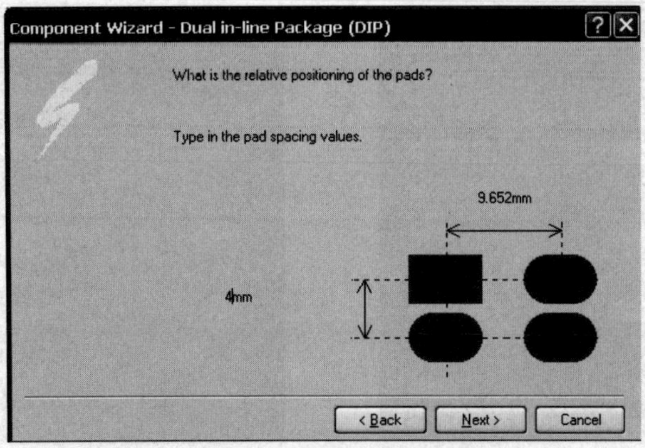

图 8-27　确定焊盘间距

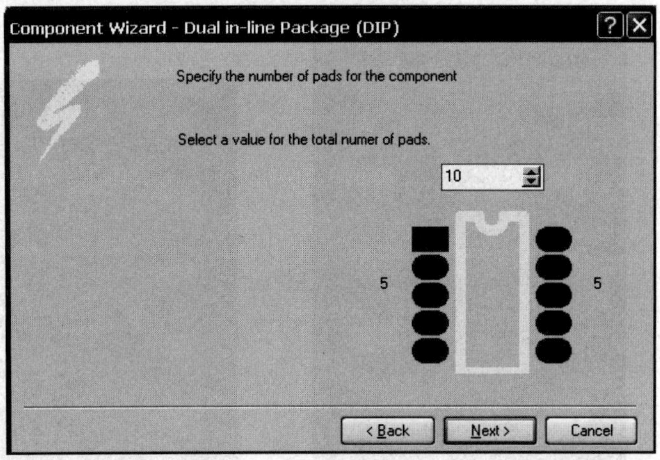

图 8-28　确定焊盘数量

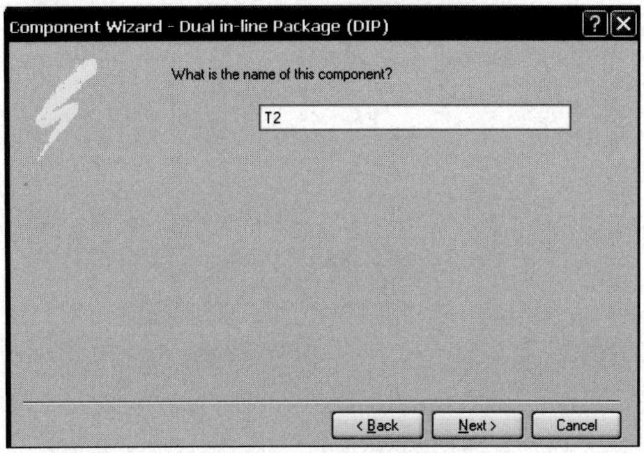

图 8-29　确定封装名称

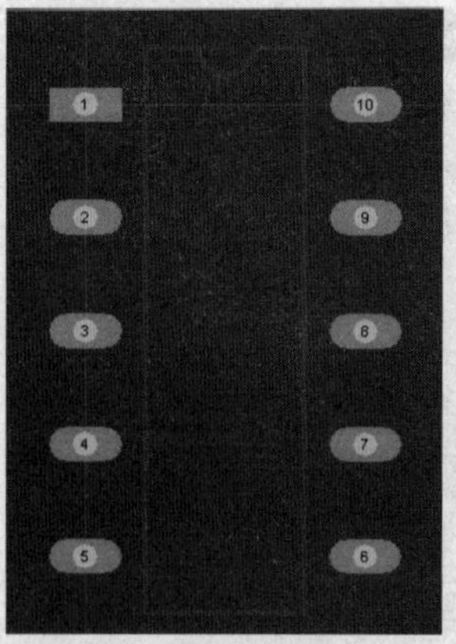

图 8-30　由向导产生的封装

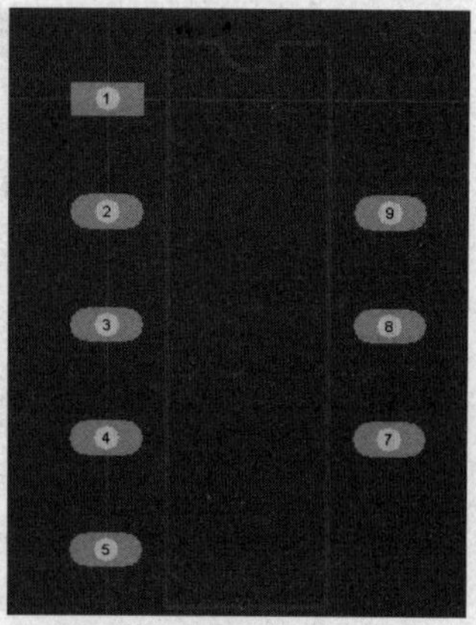

图 8-31　删除第 6、10 号焊盘

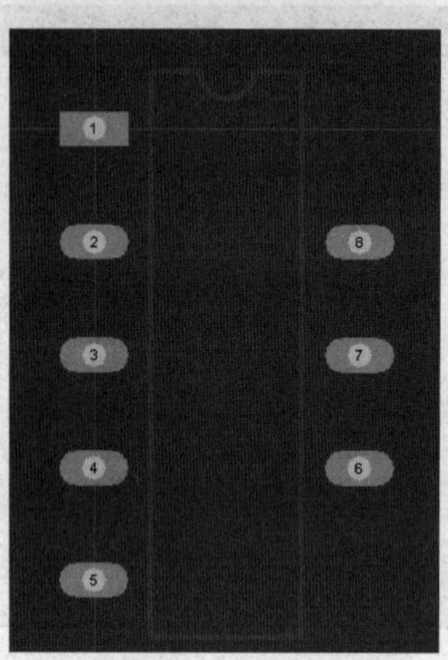

图 8-32　修改焊盘编号

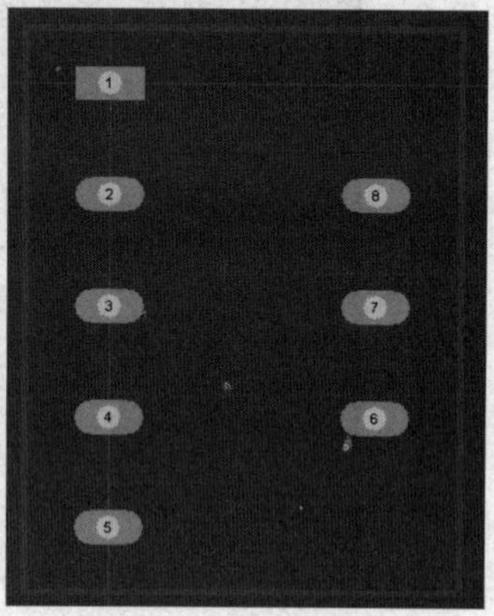

图 8-33　修改封装外形

项目 9　信号发生器的 PCB 板设计

9.1　项目分析

前面学习过信号发生器电路原理图的绘制方法，比较典型的电路要采用层次原理图设计方法，属于复杂电路，因此复杂电路的 PCB 设计也有必要来了解一下。绘制好的原理图如图 9-1 所示。

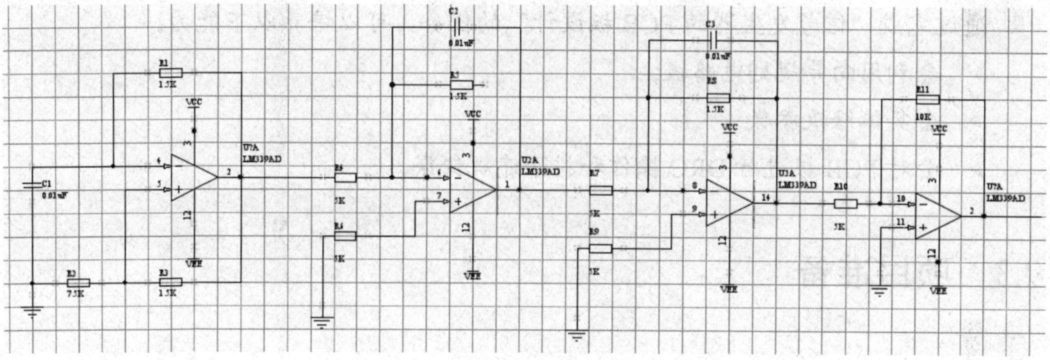

图 9-1 信号发生器原理图

9.2　项目要求与能力目标

【项目要求】

以如图 9-2 所示的信号发生器为例，生成该原理图的 PCB 板。要求用双层板，尺寸为 80 mm × 65 mm，元件全部采用过孔元件，一般线宽为 30mil，GND 为 50 mil，VCC 为 40 mil。把 U1、U2 的焊盘大小全部改为 70 mil × 70 mil ，所有电容的焊盘改为 80 mil × 80 mil，并进行补泪滴和覆铜，最后进行 PCB 的设计规则检查。

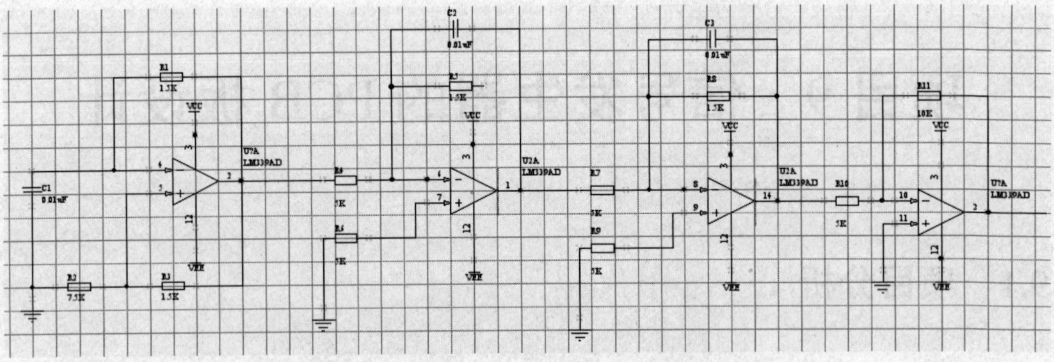

图 9-2　信号发生器

【能力目标】

通过完成“信号发生器的 PCB 板设计”的任务，可以培养以下能力。

- 会利用向导规划电路板；
- 会集体修改参数；
- 会对 PCB 板进行 DRC 操作和排除违规错误。

9.3　项目准备

在进行本项目实施之前应该先掌握该项目所涉及的一些基本知识，如选择 PCB 板类型的选择，自定义 PCB 板的形状和尺寸，选择合适的信号层、内电源层，选择过孔类型及过孔尺寸，选择元件类型等。另外，也要对布线规则进行先期学习才可以顺利完成项目实施内容。

9.4　项目实施

9.4.1　新建工程，导入原理图文件

步骤 1： 执行菜单命令 File/New/PCB Project，建立项目工程，保存为“信号发生器.PRJPCB”。

步骤 2： 用鼠标右键点击 Projects 面板中“信号发生器.PrjPCB”，执行菜单命令 Add to Project，添加原理图文件“信号发生器.Schdoc”到当前工程。

9.4.2　选择 PCB 板向导规划电路板

步骤 1：单击 File 标签，出现如图 9-3 所示文件面板，选择 PCB Board Wizards　PCB 板向导，弹出图 PCB 板向导欢迎界面。单击“下一步”，出现图 9-4 所示尺寸选择框。

图 9-3　File 面板启动 PCB 向导

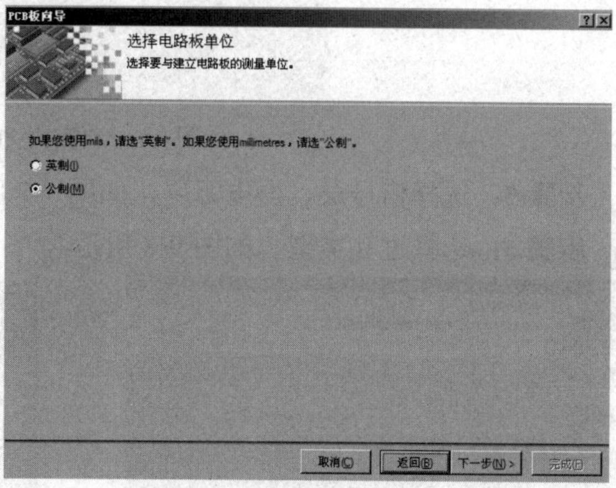

图 9-4　尺寸选择框

步骤 2：尺寸单位选择。尺寸单位选择对话框，有英制（mil）和公制（mm）两种选择，本例选择英制单位 mil。

步骤 3：选择 PCB 板类型，如图 9-5 所示。

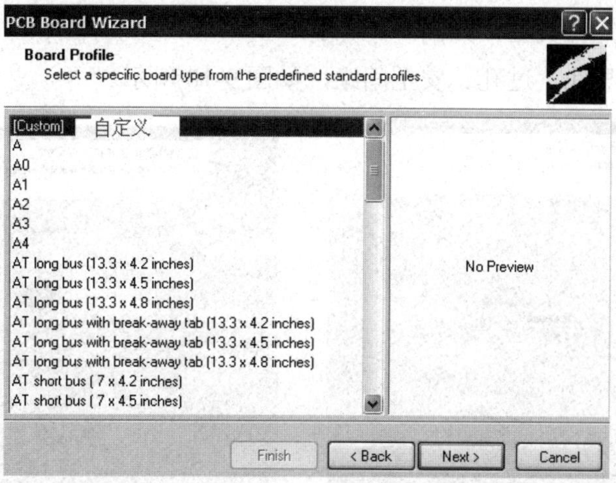

图 9-5　选择 PCB 板类型

步骤 4： 自定义 PCB 板，如图 9-6 所示。

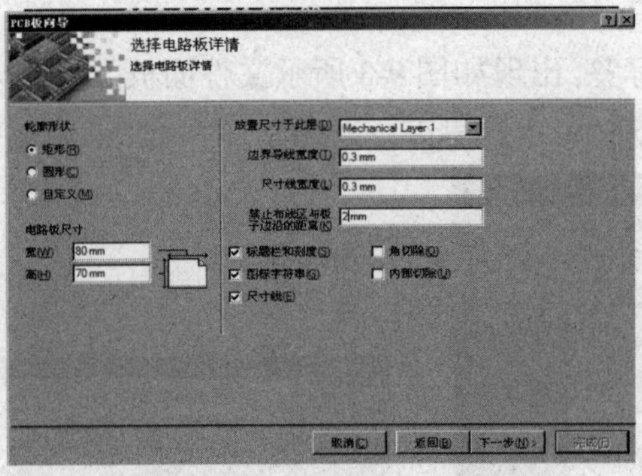

图 9-6　自定义 PCB 板

步骤 5： 选择信号层、内电源层，如图 9-7 所示。

步骤 6： 选择过孔类型，如图 9-8 所示。

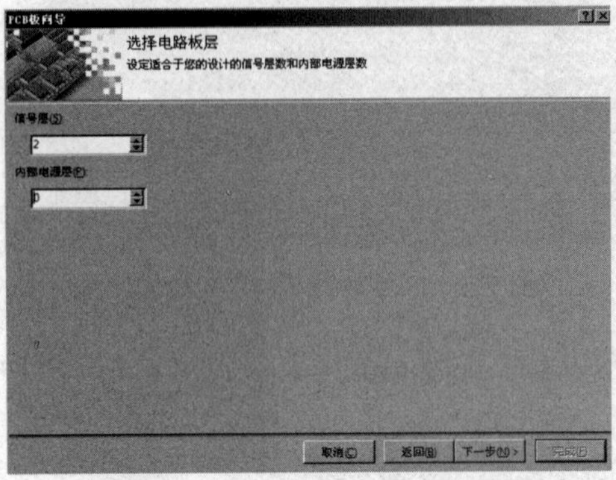

图 9-7　选择信号层、内电源层

图 9-8　选择过孔类型

步骤 7： 选择元件类型，如图 9-9 所示。

步骤 8： 设置导线、过孔、安全间距，如图 9-10 所示。

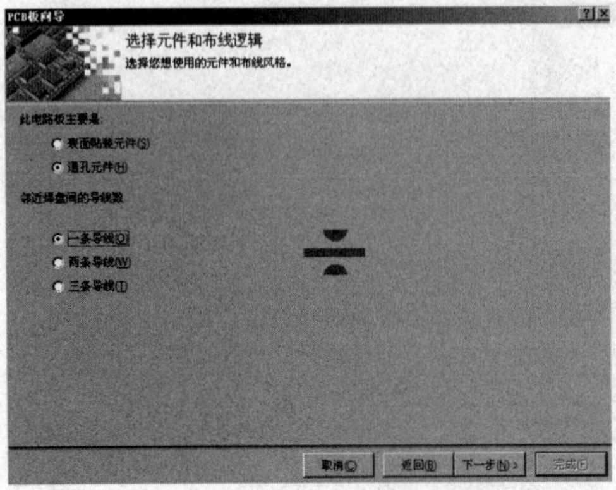

图 9-9　选择元件类型

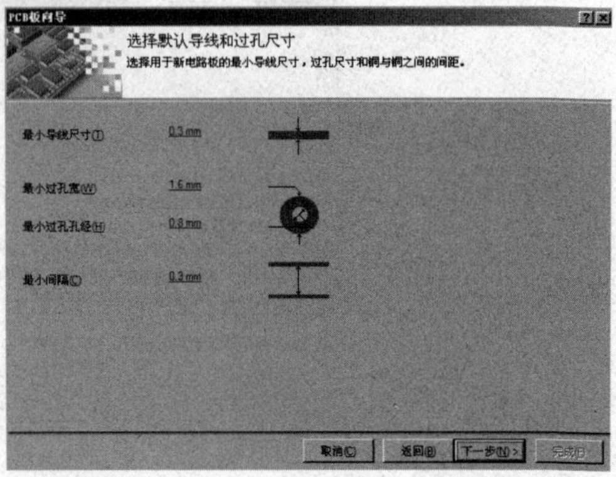

图 9-10　设置导线、过孔、安全间距

步骤 9： 点击“完成”按钮，结束向导。PCB 板向导制作完成的电路板如图 9-11 所示，保存为“信号发生器.PcbDoc”。

图 9-11　PCB 板向导制作完成的电路板

9.4.3　同步功能更新 PCB 编辑器的封装和网络

打开原理图文件，执行 Design /Update PCB 信号发生器.PcbDoc 菜单命令，装入电路板的 PCB 封装元件，如图 9-12 所示。

图 9-12　装入电路板的 PCB 封装元件

9.4.4 元件自动布局

元件自动布局如图 9-13 所示 。

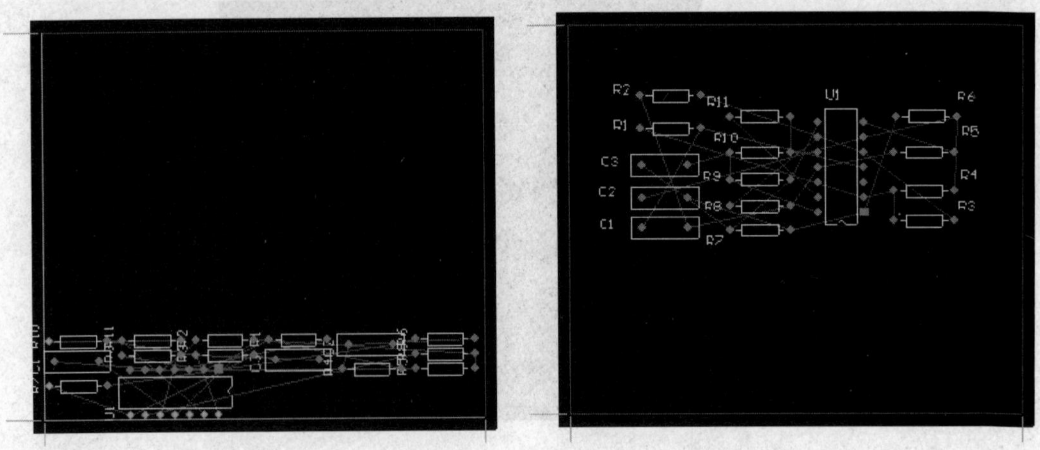

图 9-13 元件布局

9.4.5 设置自动布线规则

设置自动布线规则如图 9-14 所示。

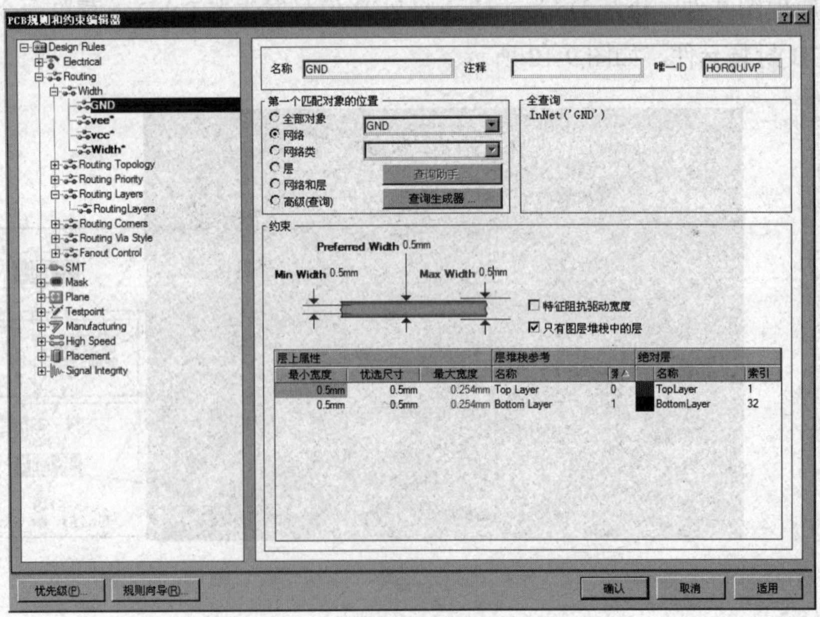

图 9-14 设置自动布线规则

9.4.6　集成修改焊盘大小

步骤 1： 在要修改的焊盘上点右键，弹出如图 9-15 所示菜单。

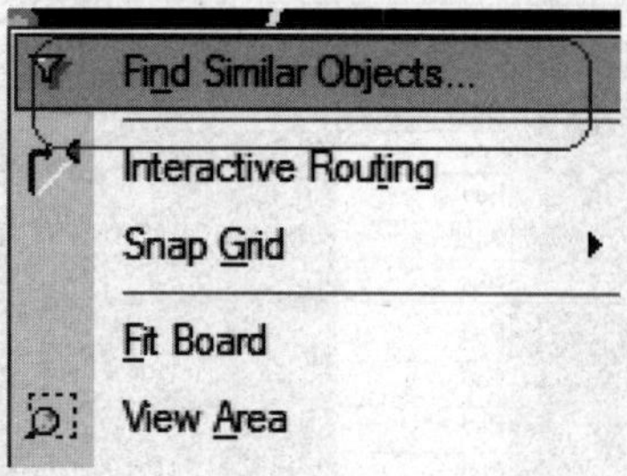

图 9-15　右键菜单

步骤 2： 选择 Find Similar Objects 查找相似对象，出现如图 9-16 所示的对话框。

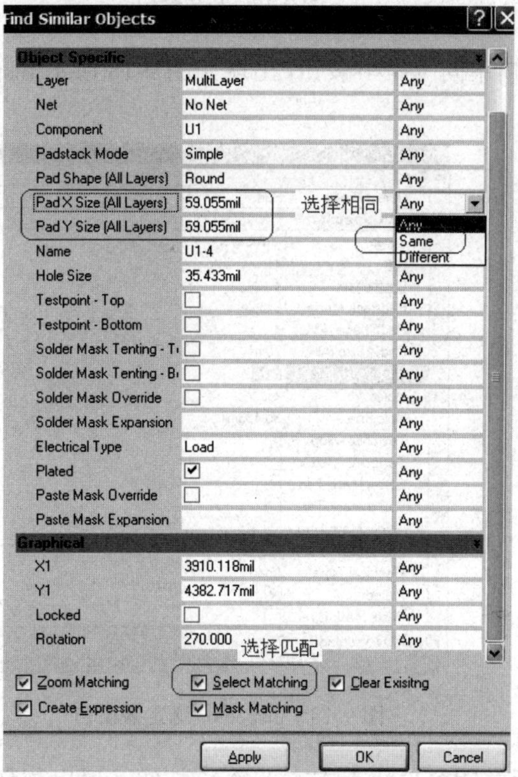

图 9-16　Find Similar Objects

步骤 3： 点击“OK”按钮，出现如图 9-17 所示的 List 窗口，被选择的对象以高亮显示。

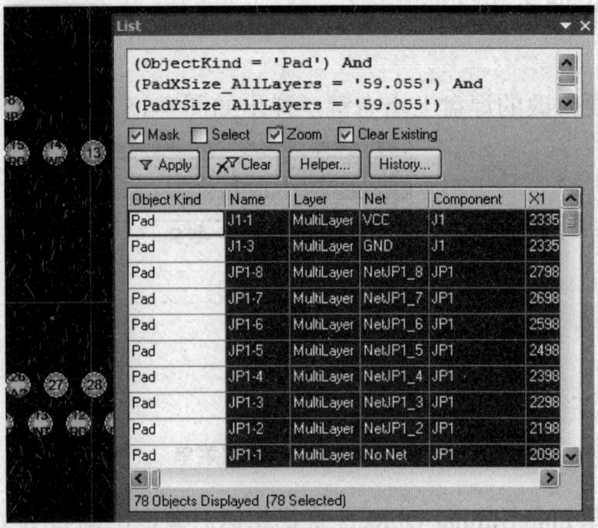

图 9-17　List 窗口

步骤 4： 点击窗口下向 Inspect 按钮，出现如图 9-18 所示 inspector 测定器窗口窗口，修改其中焊盘大小。

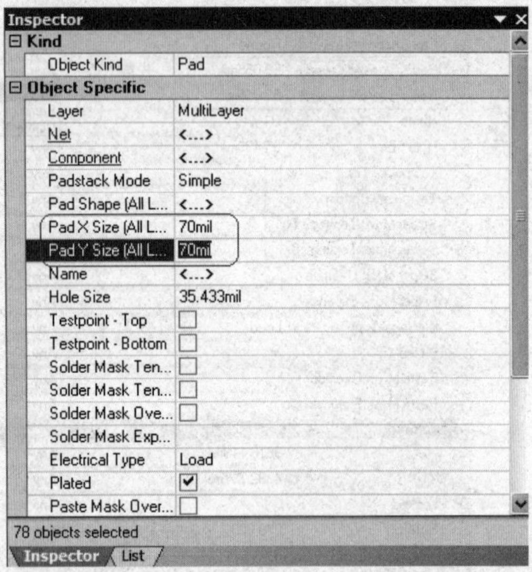

图 9-18　inspector 测定器窗口

步骤 5： 修改后关闭窗口，点击右下角 Clear 按钮，退出高亮显示。

9.4.7　自动布线

执行 Auto Route/All 菜单命令进行自动布线。自动布线结果如图 9-19 所示。

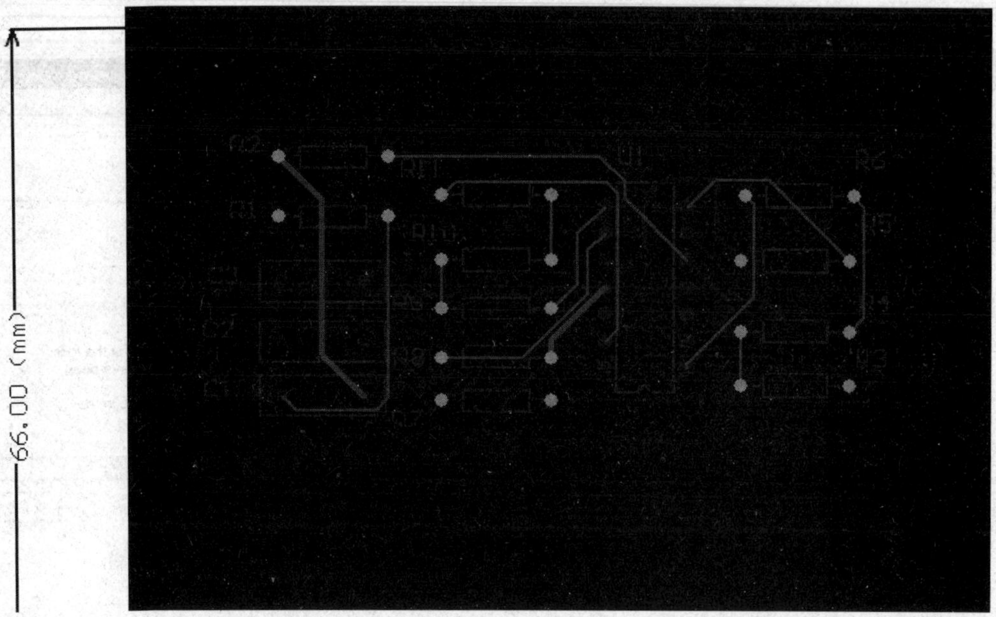

图 9-19　自动布线结果

9.4.8　手工修改双面板导线

按 Shift+S 修改为单层显示模式，观察走线有无不美观、弯曲、绕行太远等情况，如图 9-20 所示。

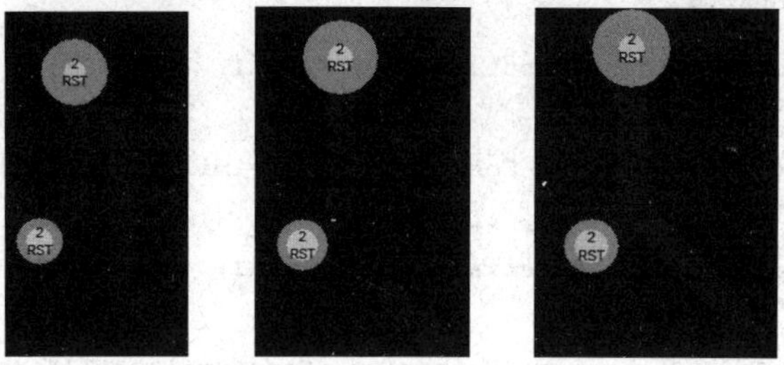

图 9-120　手工修改导线

9.4.9　DRC 检查和违规错误排除

进行完布线操作后，接下来最好做一次 DRC 检查（设计规则检查）。DRC 用于检查电路板中的对象（如导线、焊盘、过孔等）是否违反了前面通过 Design/Rules 菜单设置的各种规则要求，如安全间距，导线宽度等。

步骤 1： 执行菜单 Tools/命令，出现设计规则检查窗口如图 9-21 所示。

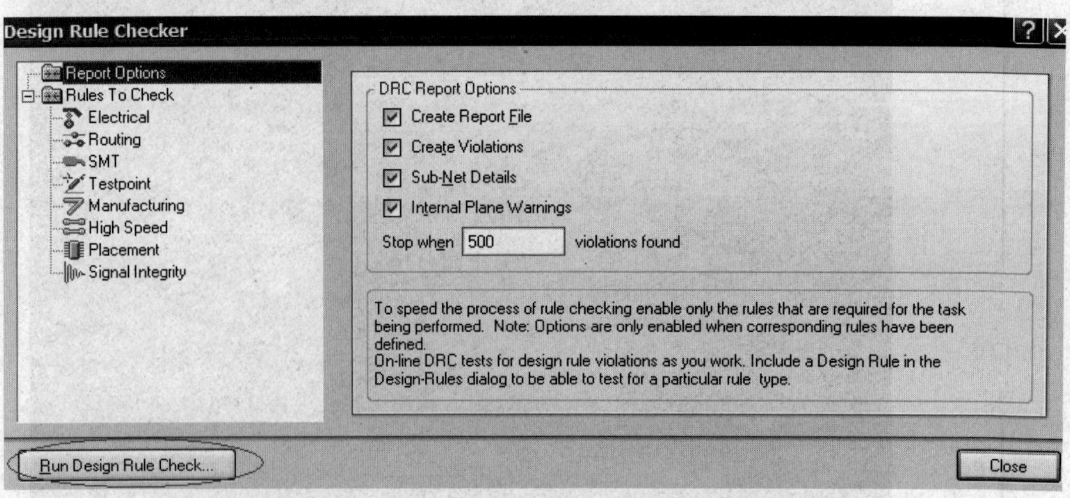

图 9-2　设计规则检查窗口

步骤 2： 点击 Run Design Rule Check 按钮，出现检查信息。没有违规结果如图 9-22 所示。

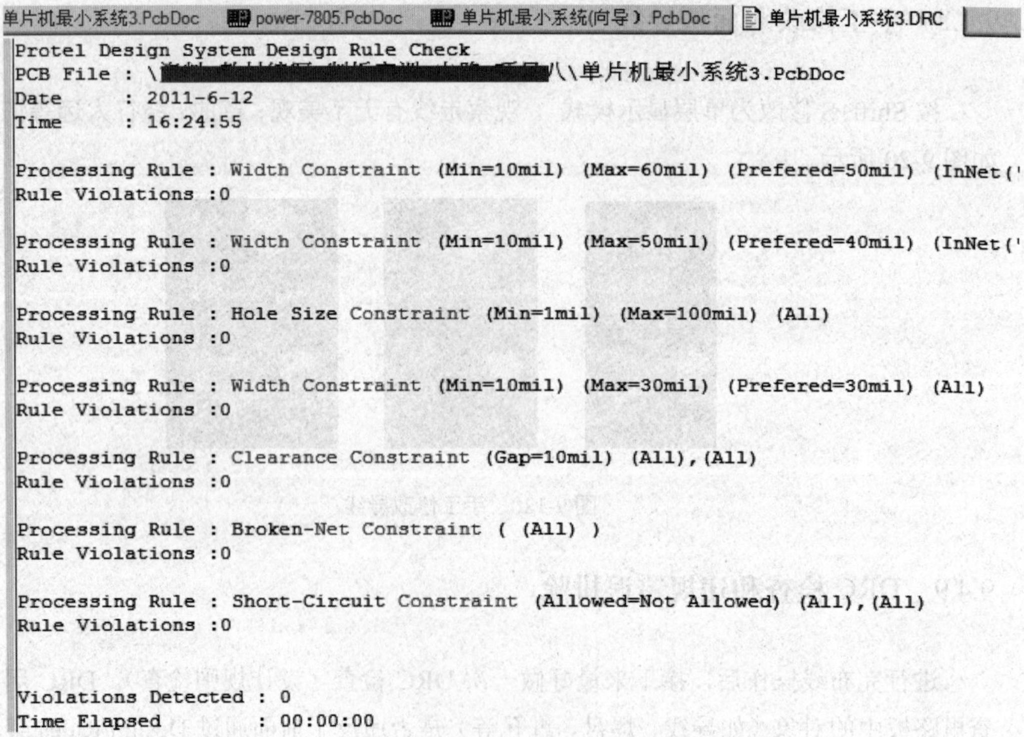
单片机最小系统3.PcbDoc　power-7805.PcbDoc　单片机最小系统(向导).PcbDoc　单片机最小系统3.DRC

```
Protel Design System Design Rule Check
PCB File : \[redacted]八\单片机最小系统3.PcbDoc
Date     : 2011-6-12
Time     : 16:24:55

Processing Rule : Width Constraint (Min=10mil) (Max=60mil) (Prefered=50mil) (InNet('
Rule Violations :0

Processing Rule : Width Constraint (Min=10mil) (Max=50mil) (Prefered=40mil) (InNet('
Rule Violations :0

Processing Rule : Hole Size Constraint (Min=1mil) (Max=100mil) (All)
Rule Violations :0

Processing Rule : Width Constraint (Min=10mil) (Max=30mil) (Prefered=30mil) (All)
Rule Violations :0

Processing Rule : Clearance Constraint (Gap=10mil) (All),(All)
Rule Violations :0

Processing Rule : Broken-Net Constraint ( (All) )
Rule Violations :0

Processing Rule : Short-Circuit Constraint (Allowed=Not Allowed) (All),(All)
Rule Violations :0


Violations Detected : 0
Time Elapsed        : 00:00:00
```

图 9-22　没有违规结果

步骤 3： 当有违规现象发生时，须认真分析报告文件中的错误信息，同时还可利用导航栏 Navigator 找到违规对象并进行修改，如图 9-23 所示，表示违反了安全间距规则。

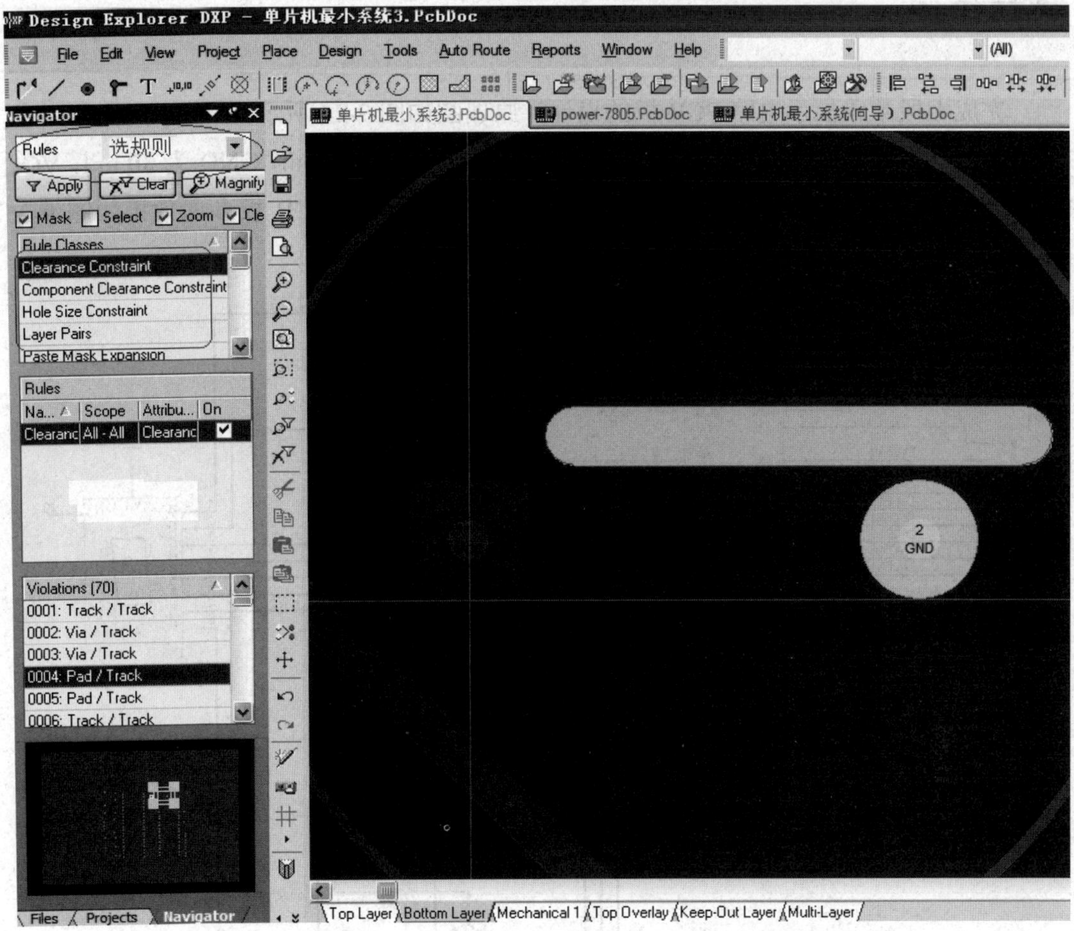

图 9-23　Navigator 导航栏找到违规对象并进行修改

项目小结

本项目结合信号发生器的 PCB 板设计，主要介绍了电路板规划、同步功能更新 PCB 编辑器的封装和网络、元件自动布局、设置自动布局规则、集成修改焊盘尺寸等。

通过本项目的学习，读者应掌握以下知识点。

（1）利用向导规划电路板。

（2）集体修改参数。

（3）对 PCB 板进行 DRC 操作和排除违规错误。

项目练习

完成七段数码显示电路 PCB 板的设计，原理图如图 9-24 所示。要求用双层板，尺寸为 80 mm×40 mm，元件全部采用过孔元件，一般线宽为 20mil，GND 为 30 mil，VCC 为 30 mil，进行 PCB 的设计规则检查。七段数码显示电路 PCB 板参考效果如图 9-25 所示。

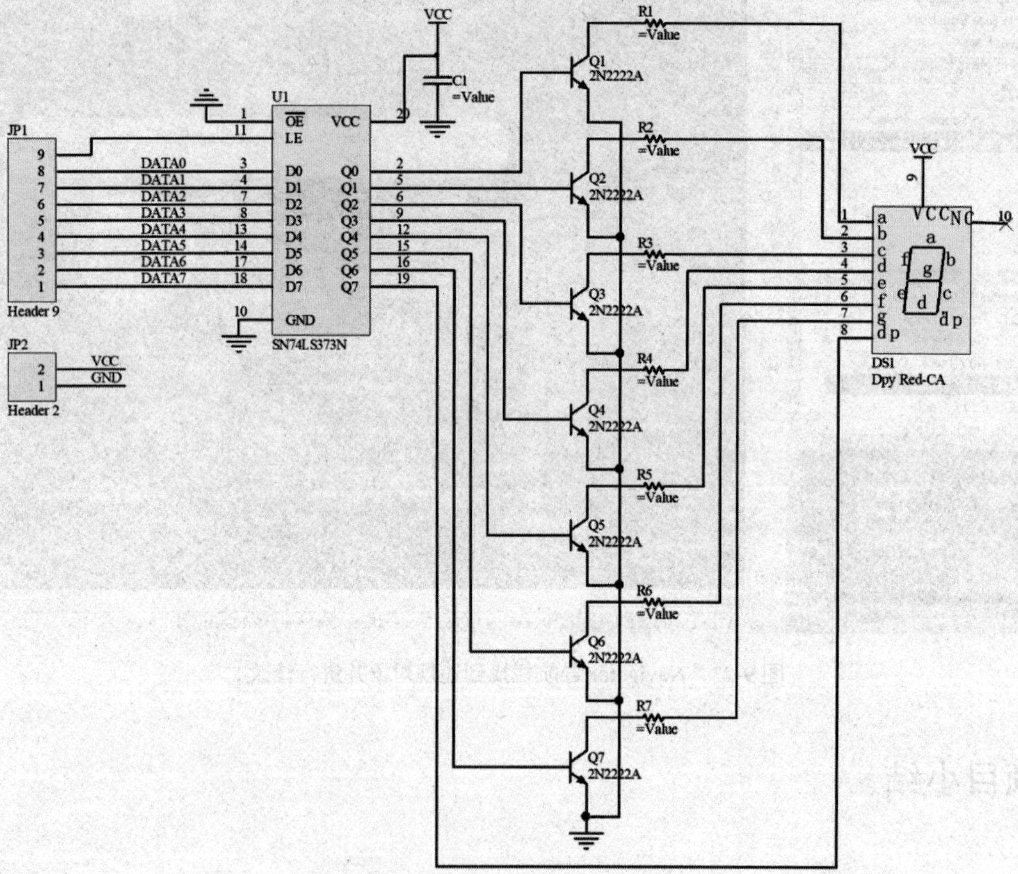

图 9-24　七段数码显示电路

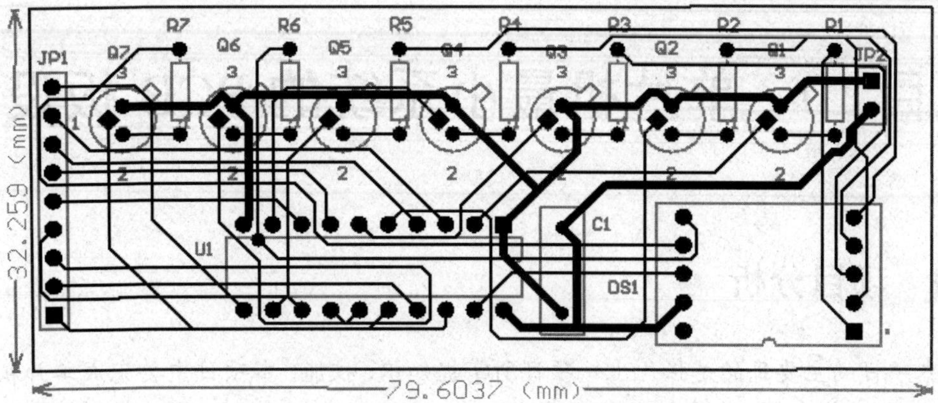

图 9-25　七段数码显示电路 PCB 板参考效果

项目 10　单片机最小系统的 PCB 板设计

10.1　项目分析

本项目的主要目的是强化上一项目所掌握知识、技能。本项目中要完成单片机最小系统的 PCB 板设计。设计出电路原理图及生成 PCB 文件的过程，并熟悉 PCB 设计的参数设置，布线规则等内容，其设计思路、方法以及运用的知识、技能与项目 9 近似，以达到巩固所学知识的目的。

10.2　项目要求与能力目标

【项目要求】

以如图 10-1 所示的单片机最小系统原理图为例，生成该原理图的 PCB 板。

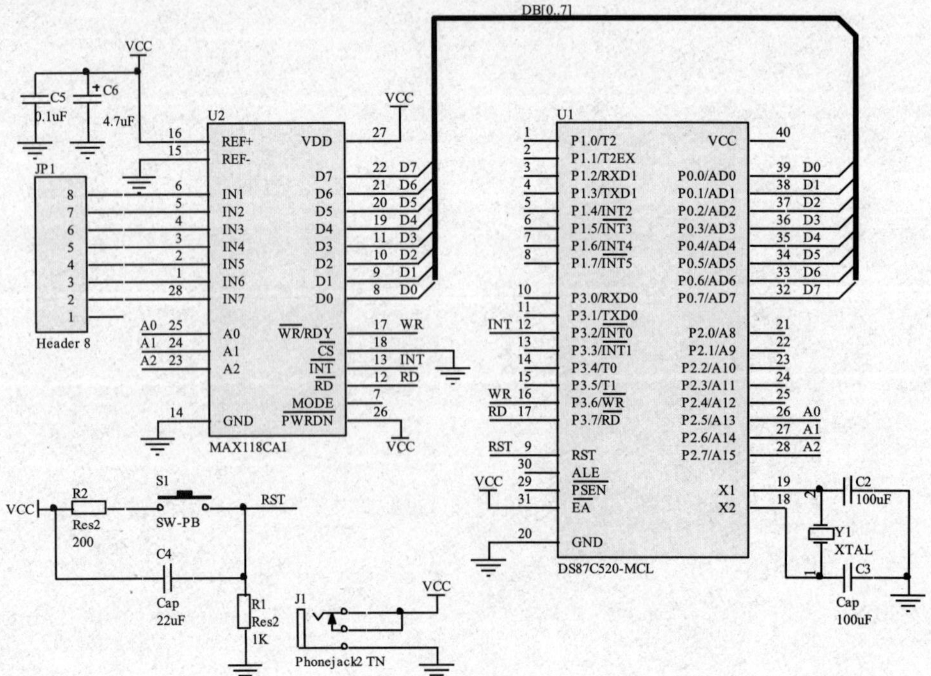

图 10-1　单片机最小系统

要求用双层板，尺寸为 80 mm × 65 mm，元件全部采用过孔元件，一般线宽为 30 mil，GND 为 50 mil，VCC 为 40 mil。把 U1、U2 的焊盘大小全部改为 70 mil × 70 mil ，所有电容的焊盘改为 80 mil × 80 mil，并补泪滴和覆铜，最后进行 PCB 的设计规则检查。

【能力目标】

通过完成“单片机最小系统的 PCB 板设计”的任务，可以培养以下能力。

- 会利用向导规划电路板;
- 会集体修改参数;
- 会对 PCB 板进行 DRC 操作和排除违规错误。

10.3　项目准备

本项目学习与前一项目学习过程类似。在前期知识的基础上只需要对自动布线规则进行了解就可以顺利完成本项目的实施部分了。

10.4　项目实施

10.4.1　新建工程，导入原理图文件

步骤 1：执行菜单命令 File/New/PCB Project，建立项目工程，保存为“单片机最小系统.PRJPCB”。

步骤 2：鼠标右键点击 Projects 面板中“单片机最小系统.PrjPCB”，执行菜单命令 Add to Project，添加原理图文件“单片机最小系统.Schdoc”到当前工程。

10.4.2　选择 PCB 板向导规划电路板

步骤 1：单击 File 标签，将出现如图 10-2 所示的文件面板。

步骤 2：选择 PCB Board Wizards　PCB 板向导，弹出图 PCB 板向导欢迎界面。点 next 后，出现图 10-3 所示尺寸选择框。

步骤 3：尺寸单位选择。尺寸单位选择对话框，有英制（mil）和公制（mm）二种选择，可以根据兴趣选择尺寸类型，本例选择英制单位 mil。

步骤 4：选择 PCB 板类型，如图 10-4 所示。

步骤 5：自定义 PCB 板，如图 10-5 所示。

步骤 6：选择信号层、内电源层，如图 10-6 所示。

步骤 7：选择过孔类型，如图 10-7 所示。

图 10-2 File 面板启动 PCB 向导

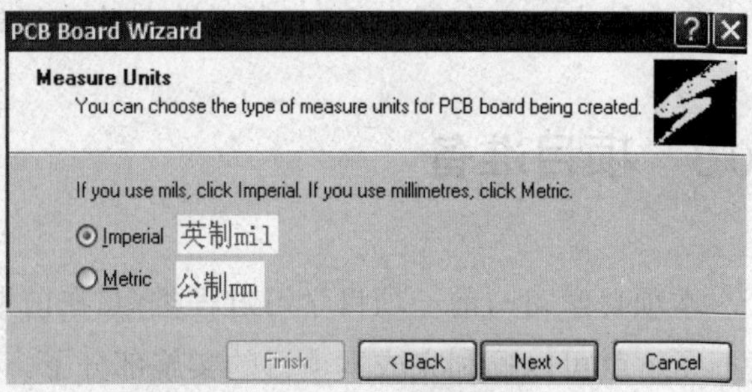

图 10-3 尺寸选择框

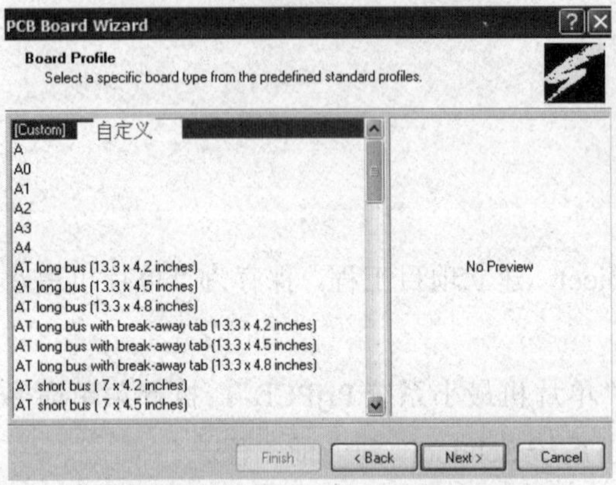

图 10-4 选择 PCB 板类型

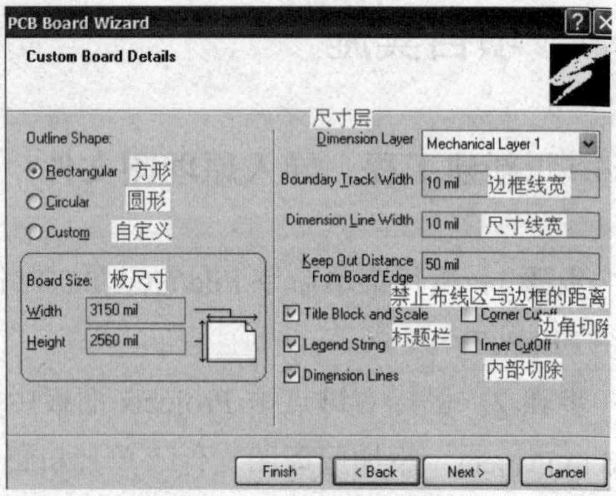

图 10-5 自定义 PCB 板

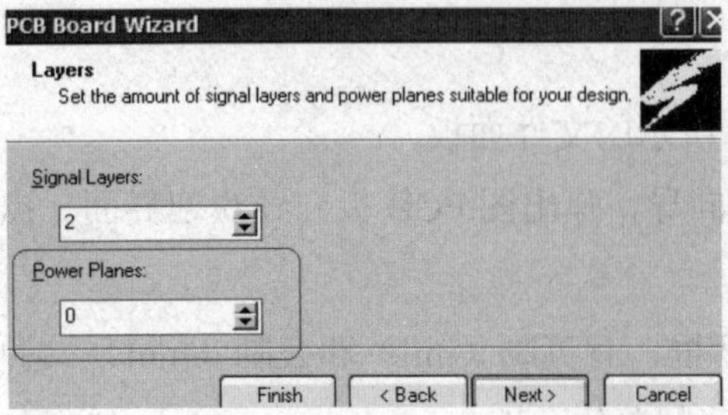

图 10-6 选择信号层、内电源层

图 10-7 选择过孔类型

步骤 8： 选择元件类型如图 10-8 所示。

步骤 9： 设置导线、过孔、安全间距 如图 10-9 所示。

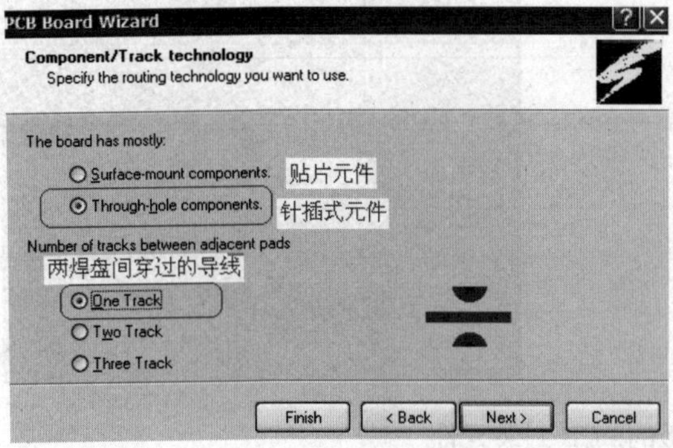

图 10-8　选择元件类型

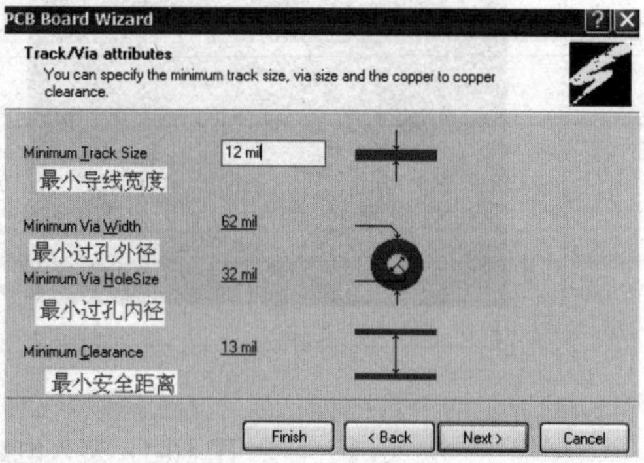

图 10-9　设置导线、过孔、安全间距

步骤 10： 单击“Finish”按钮，结束向导。PCB 板向导制作完成的电路板如图 10-10 所示，保存为“单片机最小系统.PcbDoc”。

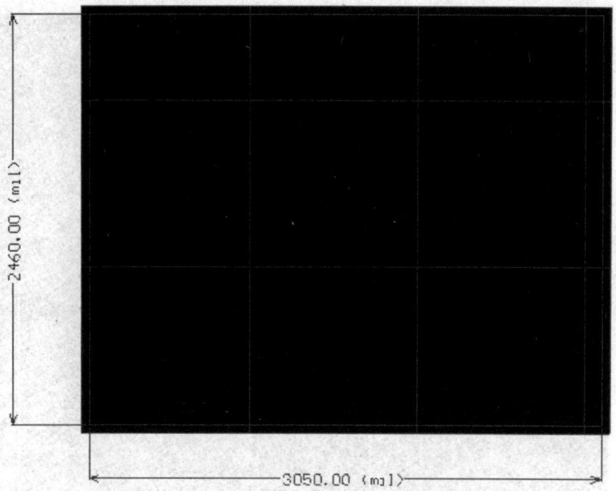

图 10-10　PCB 板向导制作完成的电路板

10.4.3　同步功能更新 PCB 编辑器的封装和网络

打开原理图文件，执行 Design /Update PCB 单片机最小系统.PcbDoc 菜单命令，装入电路板的 PCB 封装元件，如图 10-11 所示。

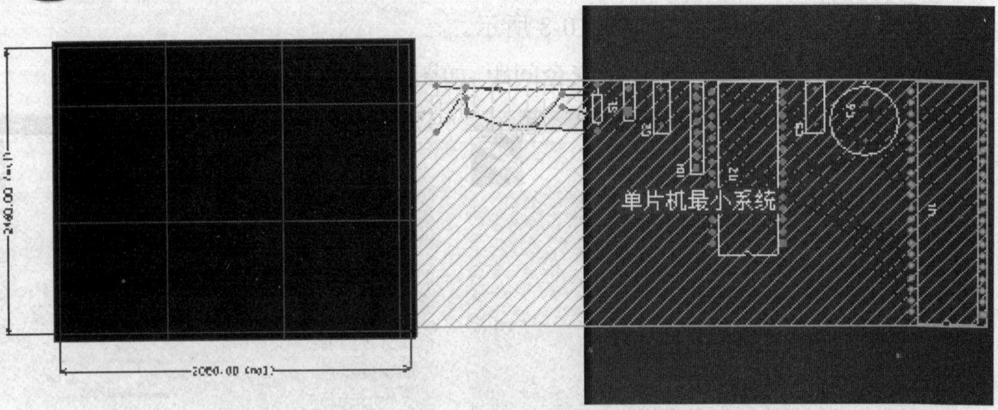

图 10-11 装入电路板的 PCB 封装元件

10.4.4 元件布局

元件布局如图 10-12 所示 。

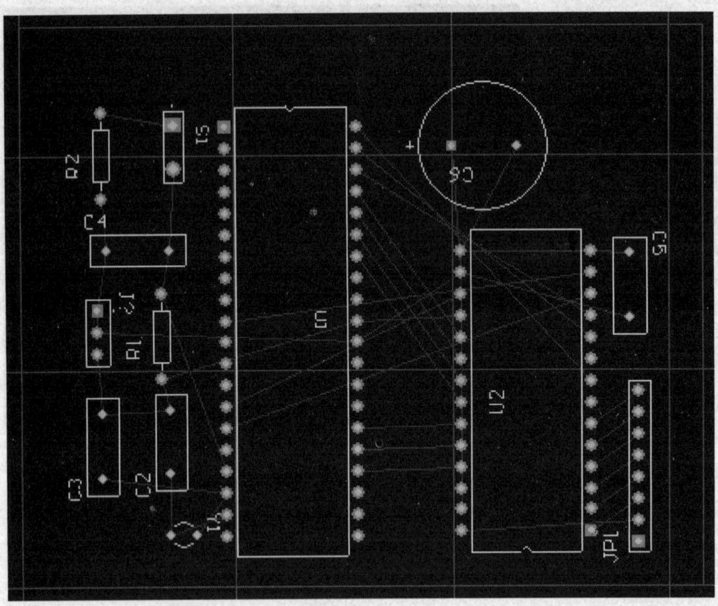

图 10-12 元件布局

10.4.5 设置自动布线规则

设置自动布线规则如图 10-13 所示。

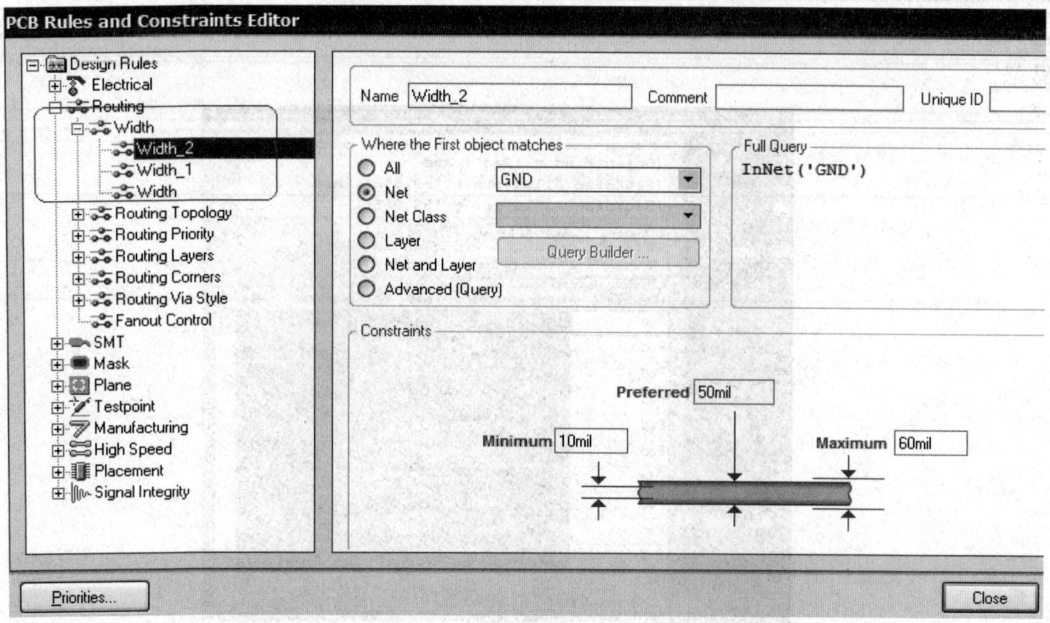

图 10-13　设置自动布线规则

10.4.6　集成修改焊盘大小

步骤 1：用鼠标右键单击要修改的焊盘，弹出如图 10-14 所示菜单。选择 Find Similar Objects 查找相似对象，出现如图 10-15 所示

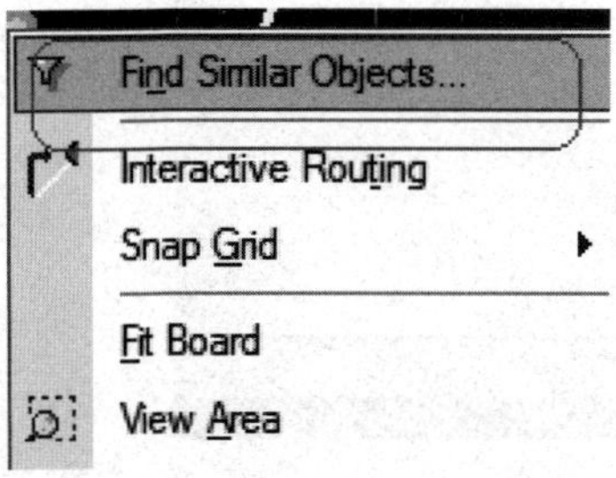

图 10-14　右键菜单

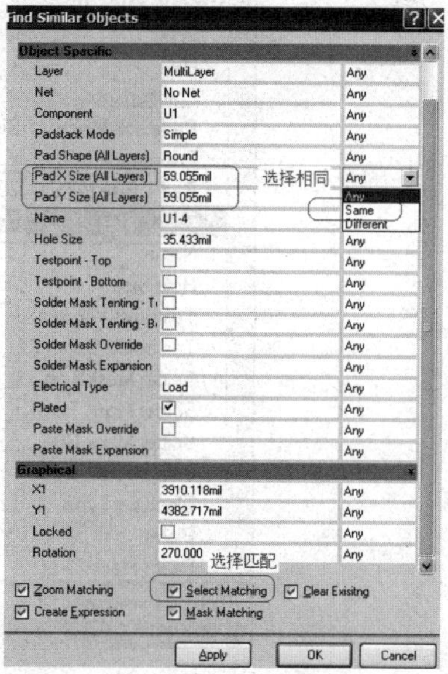

图 10-15　Find Similar Objects

步骤 2：点击“OK”按钮，弹出如图 10-16 所示 List 窗口，被选择的对象以高亮显示。

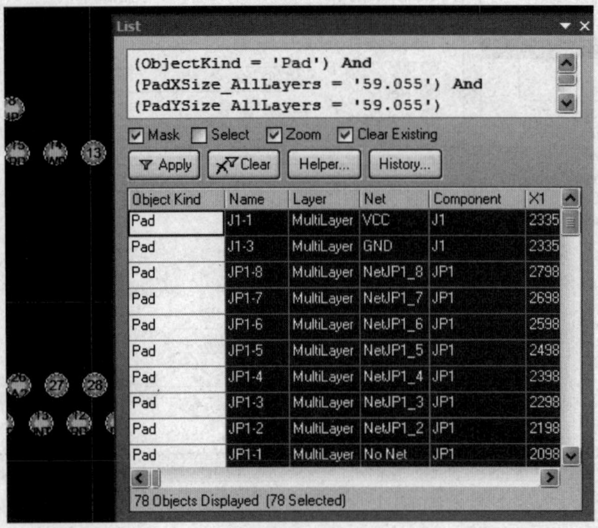

图 10-16　List 窗口

步骤 3：点击窗口下向 Inspect 按钮，出现如图 10-17 所示 inspector 测定器窗口窗口，修改其中焊盘大小。

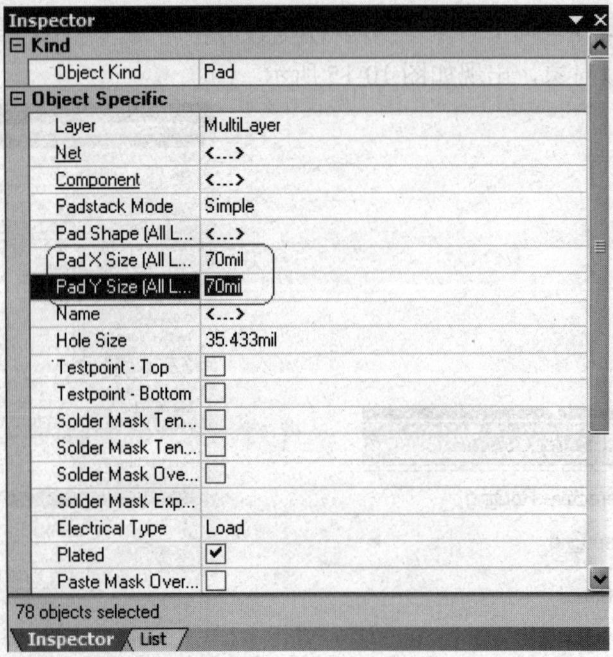

图 10-17　inspector 测定器窗口

步骤 4：修改后关闭窗口，点击右下角 Clear 按钮，退出高亮显示。

10.4.7 自动布线

执行 Auto Route/All 菜单命令进行自动布线。自动布线结果如图 10-18 所示。

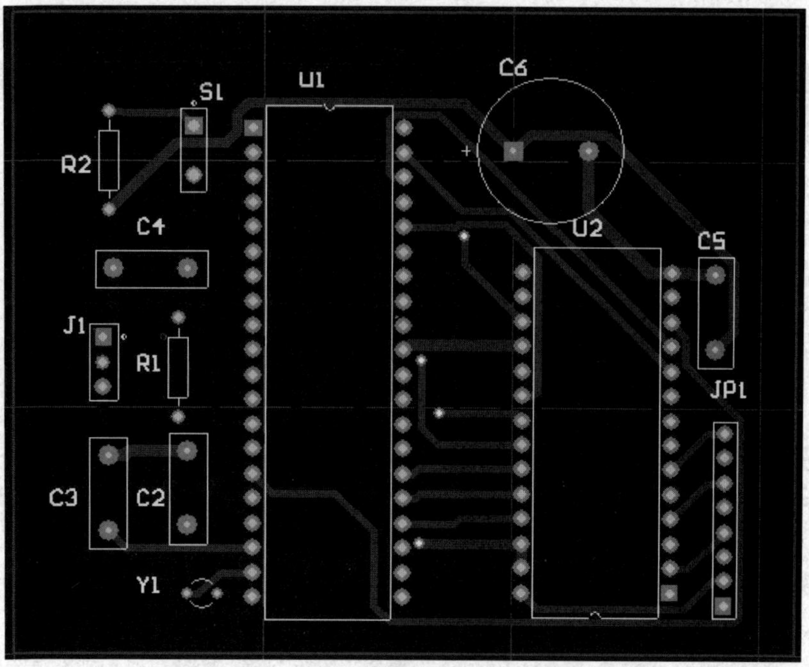

图 10-18 自动布线结果

10.4.8 手工修改双面板导线

按 Shift+S 修改为单层显示模式，观察走线有无不美观、弯曲、绕行太远等情况，如图 10-19 所示。

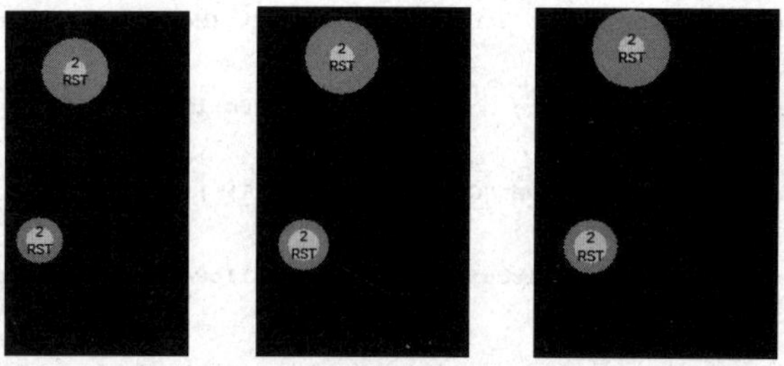

图 10-19 手工修改导线

10.4.9 DRC 检查和违规错误排除

进行完布线操作后，接下来最好做一次 DRC 检查（设计规则检查）。DRC 用于检查电路板中的对象（如导线、焊盘、过孔等）是否违反了前面通过 Design/Rules 菜单设置的各种规则要求，如安全间距，导线宽度等。

步骤 1：执行菜单 Tools/命令，出现设计规则检查窗口如图 10-20 所示。

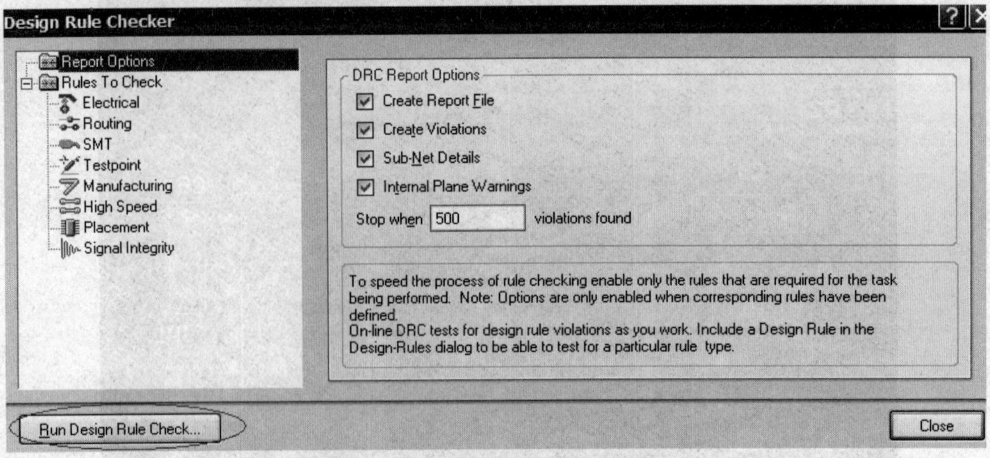

图 10-20　设计规则检查窗口

步骤 2：点击 Run Design Rule Check 按钮，出现检查信息。没有违规结果如图 10-21 所示。

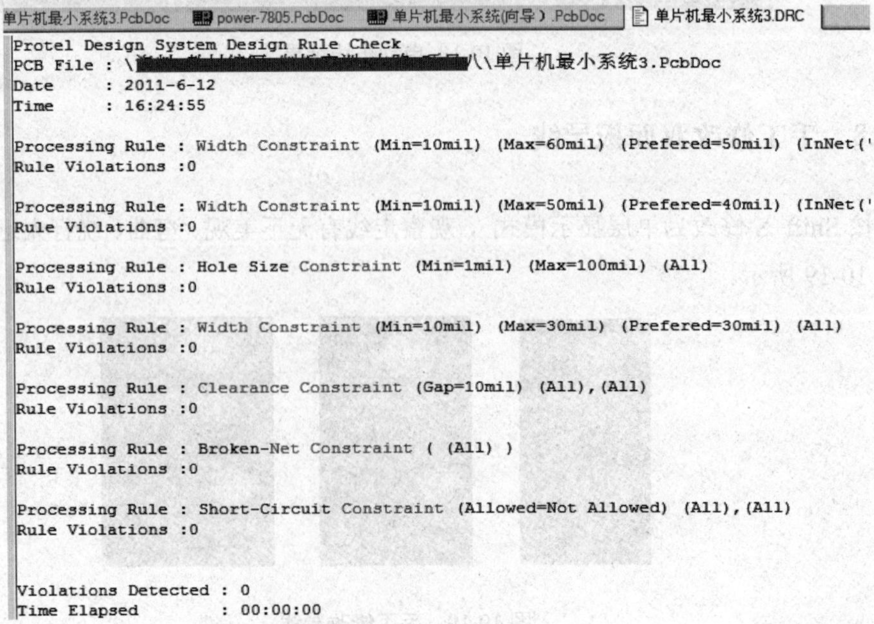


```
Protel Design System Design Rule Check
PCB File : \[redacted]\\单片机最小系统3.PcbDoc
Date     : 2011-6-12
Time     : 16:24:55

Processing Rule : Width Constraint (Min=10mil) (Max=60mil) (Prefered=50mil) (InNet('
Rule Violations :0

Processing Rule : Width Constraint (Min=10mil) (Max=50mil) (Prefered=40mil) (InNet('
Rule Violations :0

Processing Rule : Hole Size Constraint (Min=1mil) (Max=100mil) (All)
Rule Violations :0

Processing Rule : Width Constraint (Min=10mil) (Max=30mil) (Prefered=30mil) (All)
Rule Violations :0

Processing Rule : Clearance Constraint (Gap=10mil) (All),(All)
Rule Violations :0

Processing Rule : Broken-Net Constraint ( (All) )
Rule Violations :0

Processing Rule : Short-Circuit Constraint (Allowed=Not Allowed) (All),(All)
Rule Violations :0


Violations Detected : 0
Time Elapsed        : 00:00:00
```

图 10-21 没有违规结果

步骤 3： 当有违规现象发生时，必须认真分析报告文件中的错误信息，同时还可利用导航栏 Navigator 找到违规对象并进行修改，如图 10-22 所示，表示违反了安全间距规则。

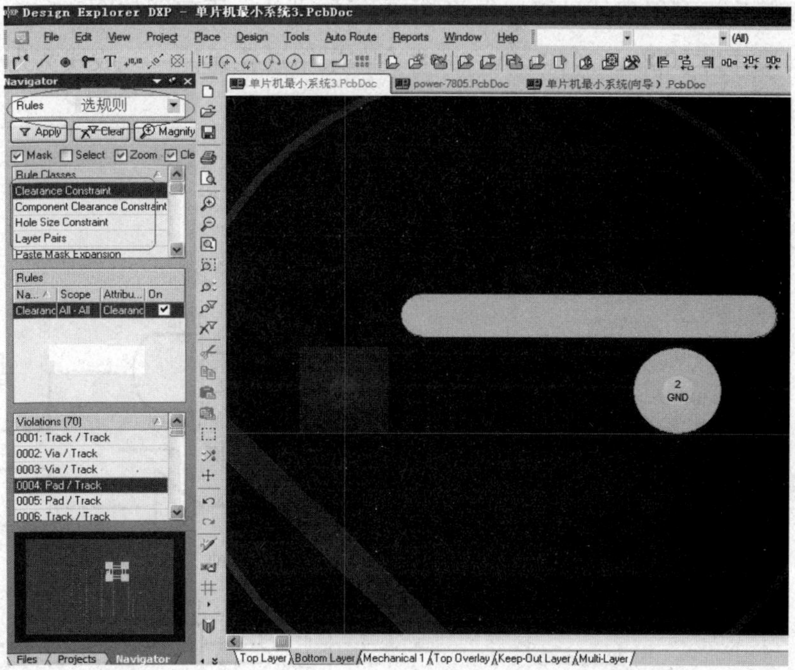

图 10-22　Navigator 导航栏找到违规对象并进行修改

项目小结

结合单片机最小系统的 PCB 板设计，本项目主要对电路板规划、同步功能更新 PCB 编辑器的封装和网络、元件自动布局、设置自动布线规则、集成修改焊盘尺寸等知识点的进行了强化学习。

通过本项目的学习，读者应进一步熟悉并掌握以下知识点。

（1）会利用向导规划电路板。

（2）集体修改参数。

（3）对 PCB 板进行 DRC 操作和排除违规错误。

项目练习

完成单片机可编程外设接口电路 PCB 板的设计，原理图如图 10-23 所示。要求用双层板，尺寸为 100 mm×60 mm，元件全部采用过孔元件，一般线宽为 20 mil，GND 为 30 mil，VCC 为 40 mil，进行 PCB 的设计规则检查。

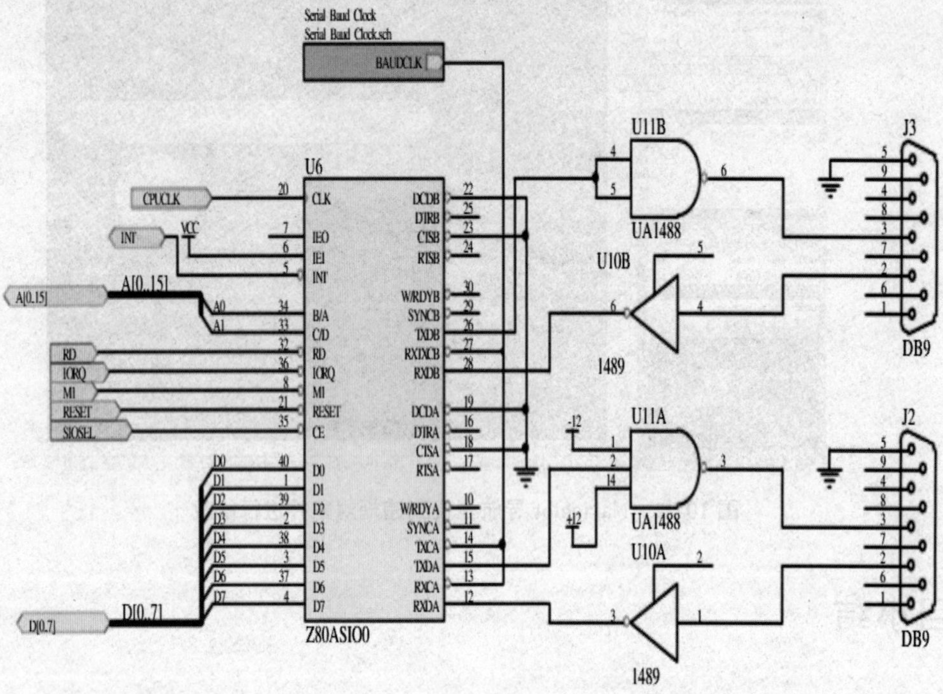

图 10-23　单片机可编程外设接口电路

附 录

附录 A Protel DXP 2004 SP2 常用快捷键

一、Protel DXP 2004 系统快捷键

Esc——放弃或取消

Enter——选取或启动

F1——启动在线帮助窗口

Tab——启动浮动图件的属性窗口

PageUp——放大窗口显示比例

PageDown——缩小窗口显示比例

End——刷新屏幕

Del——删除点取的元件（1 个）

Ctrl+del——删除选取的元件（2 个或 2 个以上）

X+A——取消所有被选取图件的选取状态

X——将浮动图件左右翻转

Y——将浮动图件上下翻转

Space——将浮动图件旋转 90 度

Crtl+Ins——将选取图件复制到编辑区里

Shift+Ins——将剪贴板里的图件贴到编辑区里

Shift+Del——将选取图件剪切放入剪贴板里

Alt+Backspace——恢复前一次的操作

Ctrl+Backspace——取消前一次的恢复

Crtl+G——跳转到指定的位置

Crtl+F——寻找指定的文字

Alt+F4——关闭 Protel

Spacebar——绘制导线，直线或总线时，改变走线模式

ctrl+Spacebar 绘制导线，可切换角度

V+D——缩放视图，以显示整张电路图

V+F——缩放视图，以显示所有电路部件

Home——以光标位置为中心，刷新屏幕

Esc——终止当前正在进行的操作，返回待命状态

Backspace——放置导线或多边形时，删除最末一个顶点

Delete——放置导线或多边形时，删除最末一个顶点

Ctrl+Tab——在打开的各个设计文件文档之间切换

Alt+Tab——在打开的各个应用程序之间切换

A——弹出 Edit\Align 子菜单

B——弹出 View\Toolbars 子菜单

E——弹出 Edit 菜单

F——弹出 File 菜单

H——弹出 Help 菜单

J——弹出 Edit\Jump 菜单

L——弹出 Edit\Set location makers 子菜单

M——弹出 Edit\Move 子菜单

O——弹出 Options 菜单

P——弹出 Place 菜单

R——弹出 Reports 菜单

S——弹出 Edit\Select 子菜单

T——弹出 Tools 菜单

V——弹出 View 菜单

W——弹出 Window 菜单

X——弹出 Edit\Deselect 菜单

Z——弹出 Zoom 菜单

左箭头——光标左移 1 个电气栅格

Shift+左箭头——光标左移 10 个电气栅格

右箭头——光标右移 1 个电气栅格

Shift+右箭头——光标右移 10 个电气栅格

上箭头——光标上移 1 个电气栅格

Shift+上箭头——光标上移 10 个电气栅格

下箭头——光标下移 1 个电气栅格

Shift+下箭头——光标下移 10 个电气栅格

Ctrl+1——以零件原来的尺寸的大小显示图纸

Ctrl+2——以零件原来的尺寸的 200%显示图纸

Ctrl+4——以零件原来的尺寸的 400%显示图纸

Ctrl+5——以零件原来的尺寸的 50%显示图纸

Ctrl+F——查找指定字符

Ctrl+G——查找替换字符

Ctrl+B——将选定对象以下边缘为基准，底部对齐

Ctrl+T——将选定对象以上边缘为基准，顶部对齐

Ctrl+L——将选定对象以左边缘为基准，靠左对齐

Ctrl+R——将选定对象以右边缘为基准，靠右对齐

Ctrl+H——将选定对象以左右边缘的中心线为基准，水平居中排列

Ctrl+V——将选定对象以上下边缘的中心线为基准，垂直居中排列

Ctrl+Shift+H——将选定对象在左右边缘之间，水平均布

Ctrl+Shift+V——将选定对象在上下边缘之间，垂直均布

F3——查找下一个匹配字符

Chift+F4——将打开的所有文档窗口平铺显示

Chift+F5——将打开的所有文档窗口层叠显示

Shift+单左鼠——选定单个对象

Crtl+单左鼠，再释放 Crtl——拖动单个对象

Shift+Ctrl+左鼠——移动单个对象

按 Ctrl 后移动或拖动——移动对象时，不受电器格点限制

按 Alt 后移动或拖动——移动对象时，保持垂直方向

按 Shift+Alt 后移动或拖动——移动对象时，保持水平方向

二、分项快捷键

1. 设计浏览器快捷键

鼠标左击	选择鼠标位置的文档
鼠标双击	编辑鼠标位置的文档
鼠标右击	显示相关的弹出菜单

Ctrl+F4	关闭当前文档
Ctrl+Tab	循环切换所打开的文档
Alt+F4	关闭设计浏览器 DXP

2. 原理图和 PCB 通用快捷键

Shift	当自动平移时，快速平移
Y	放置元件时，上下翻转
X	放置元件时，左右翻转
Shift+↑↓←→	箭头方向以十个网格为增量，移动光标
↑↓←→	箭头方向以一个网格为增量，移动光标
SpaceBar	放弃屏幕刷新
Esc	退出当前命令
End	屏幕刷新
Home	以光标为中心刷新屏幕
PageDown，Ctrl+鼠标滚轮	以光标为中心缩小画面
PageUp，　Ctrl+鼠标滚轮	以光标为中心防大画面
鼠标滚轮	上下移动画面
Shift+鼠标滚轮	左右移动画面
Ctrl+Z	撤销上一次操作
Ctrl+Y	重复上一次操作
Ctrl+A	选择全部
Ctrl+S	保存当前文档
Ctrl+C	复制
Ctrl+X	剪切
Ctrl+V	粘贴
Ctrl+R	复制并重复粘贴选中的对象
Delete	删除
V+D	显示整个文档
V+F	显示所有对象
X+A	取消所有选中的对象
单击并按住鼠标右键	显示滑动小手并移动画面
点击鼠标左键	选择对象

点击鼠标右键	显示弹出菜单，或取消当前命令
右击鼠标并选择 Find Similar	选择相同对象
点击鼠标左键并按住拖动	选择区域内部对象
点击并按住鼠标左键	选择光标所在的对象并移动
双击鼠标左键	编辑对象
Shift+点击鼠标左键	选择或取消选择
TAB	编辑正在放置对象的属性
Shift+C	清除当前过滤的对象
Shift+F	可选择与之相同的对象
Y	弹出快速查询菜单
F11	打开或关闭 Inspector 面板
F12	打开或关闭 List 面板

3. 原理图快捷键

Alt	在水平和垂直线上限制对象移动
G	循环切换捕捉网格设置
空格键（Spacebar）	放置对象时旋转 90 度
空格键（Spacebar）	放置电线、总线、多边形线时激活开始/结束模式
Shift+空格键（Spacebar）	放置电线、总线、多边形线时切换放置模式
退格建（Backspace）	放置电线、总线、多边形线时删除最后一个拐角
点击并按住鼠标左键+Delete	删除所选中线的拐角
点击并按住鼠标左键+Insert	在选中的线处增加拐角
Ctrl+点击并拖动鼠标左键	拖动选中的对象

4. PCB 快捷键

Shift+R	切换三种布线模式
Shift+E	打开或关闭电气网格
Ctrl+G	弹出捕获网格对话框
G	弹出捕获网格菜单
N	移动元件时隐藏网状线
L	镜像元件到另一布局层
退格键	在布铜线时删除最后一个拐角

Shift+空格键	在布铜线时切换拐角模式
空格键	布铜线时改变开始/结束模式
Shift+S	切换打开/关闭单层显示模式
O+D+D+Enter	选择草图显示模式
O+D+F+Enter	选择正常显示模式
O+D	显示/隐藏 Prefences 对话框
L	显示 Board Layers 对话框
Ctrl+H	选择连接铜线
Ctrl+Shift+Left-Click	打断线
+	切换到下一层（数字键盘）
-	切换到上一层（数字键盘）
*	下一布线层（数字键盘）
M+V	移动分割平面层顶点
Alt	避开障碍物和忽略障碍物之间切换
Ctrl	布线时临时不显示电气网格
Ctrl+M 或 R-M	测量距离
Shift+空格键	顺时针旋转移动的对象
空格键	逆时针旋转移动的对象
Q	米制和英制之间的单位切换
E-J-O	跳转到当前原点
E-J-A	跳转到绝对原点

附录 B 常用长度单位换算及 Protel DXP 2004 SP2 常用图纸规格

一、常用长度单位换算表

单位	m	cm	mm	英尺/	英寸/	毫英寸/mil
米/m	1	100	1000	3.28 084	39.3 701	39 370
厘米/cm	0.01	1	10	0.03 281	0.3 937	393.7
毫米/mm	0.001	0.1	1	0.003 281	0.03 937	39.37
英尺/ft	0.3 048	30.48	304.8	1	12	1 200
英寸/in	0.0 254	2.54	25.4	0.08 333	1	1 000
毫英寸/mil	2.54×10^{-5}	2.54×10^{-3}	0.0 254	8.33×10^{-5}	0.001	1

二、常用标准图纸规格尺寸

图纸规格	公制单位		英制单位	
	cm	mm	DXP Defaults	Mil
A4	29.21×19.30	292.10×193.04	1 150×760	11 500×7 600
A3	39.37×28.19	393.70×281.94	1 550×1 110	15 500×11 100
A2	56.64×39.88	566.42×398.78	2 230×1 570	22 300×15 700
A1	80.01×56.64	800.10×566.42	3 510×2 230	35 100×22 300
A0	113.28×80.01	1132.84×800.10	4 460×3 510	44 600×35 100
A	24.13×19.05	241.30×190.50	950×750	9 500×7 500
B	38.10×24.13	381.00×241.30	1 500×950	15 000×9 500
C	50.80×38.10	508.00×381.00	2 000×1 500	20 000×15 000
D	81.28×50.80	812.80×508.00	3 200×2 000	32 000×20 000
E	106.68×81.28	1 066.80×797.56	4 200×3 200	42 000×32 000
OrCAD A	25.15×20.07	251.46×200.46	990×790	9 900×7 900
OrCAD B	39.12×25.15	391.16×251.46	1 540×990	1 5400×9 900
OrCAD C	52.32×39.62	523.24×396.24	2 060×1 560	20 600×15 600
OrCAD D	82.80×52.32	828.04×523.24	3 260×2 060	32 600×20 600
OrCAD E	108.71×83.31	1 087.12×833.12	4 280×3 280	42 800×32 800

附录 C　Protel DXP 2004 SP2 常用元器件名称与封装

注：下表黑体字表示该元件为贴片式封装。

类型	名称	封装	备注
变压器	Trans	TRANS	
	Trans Adj	TRF_4	可调变压器
	Trans CT	TRF_5	带中心抽头
	Trans3	TRF_6	三绕组
	Trans4	TRF_8	四绕组
场效应管	JFET-N	SFM-T3/A6.6V	N 沟道结型场效应管
	JFET-P	**SO-F3/Y.75R**	P 沟道结型场效应管
	MESFET-N、MESFET-P	CAN-3/D5.9	金属半导体
	MOSFET-N、MOSFET-P	BCY-W3/B.8	金属氧化物半导体
单结晶体管	UJT-N	CAN-3/Y1.4	
	UJT-P	CAN-3/Y1.5	
电灯	Lamp	PIN2	
	Lamp Neon	PIN2	氖灯
电动机	Motor	RB5-10.5	
	Moter Servo	RAD-0.4	伺服电机
	Moter Step	DIP-6	步进电机
电感器	Inductor	**INDC1005-0402**	
	Inductor	**INDC1608-0603**	
	Inductor	**INDC2010-0804**	
	Inductor	**INDC2012-0805**	
	Inductor	**INDC3216-1206**	
	Inductor	**INDC4510-1804**	
	Inductor Adj	A×IAL-0.8	可调电感器
	Inductor Iron	A×IAL-0.9	带磁芯电感器
	Inductor Iron Adj	A×IAL-0.10	可调带磁芯电感器
	Inductor Iron Dot	**DIODE SMC**	有极性标记磁芯电感

（续 1）

电铃	Bell	PIN2	
电容器	Cap	RAD-0.3	无极性电容
	Cap	CAPR2.54-5.1×3.2	无极性电容
	Cap	CAPR5.08-7.8×3.2	无极性电容
	Cap2	CAPR5-4×5	无极性电容
	Cap Feed	VR4	穿心电容
	Cap Pol1	RB7.6-15	极性电容、圆柱状
	Cap Pol1	CAPPR1.27-1.7×2.8	极性电容、圆柱状
	Cap Pol1	CAPPR1.5-4×5	极性电容、圆柱状
	Cap Pol1	CAPPR2-5×6.8	极性电容、圆柱状
	Cap Pol1	CAPPR5-5×5	极性电容、圆柱状
	Cap Pol1	CAPPR7.5-16×35	极性电容、圆柱状
	Cap Pol2	POLAR0.8	极性电容、轴状
	Cap Pol2	CAPPA14.05-10.5×6.3	极性电容、轴状
	Cap Pol2	CAPPA23.6-18.5×8.5	极性电容、轴状
	Cap Pol2	CAPPA31.6-26.5×12.5	极性电容、轴状
	Cap Pol2	CAPPA35.6-30.5×18.5	极性电容、轴状
	Cap Pol2	CAPPA46.1-41×21.5	极性电容、轴状
	Cap Pol3	**CC2012-0805**	极性电容、贴片
	Cap Pol3	**CC4532-1812**	极性电容、贴片
	Cap Pol3	**CC4564-1825**	极性电容、贴片
	Cap Pol3	**CC5664-2225**	极性电容、贴片
	Cap Pol3	**CC5750-2220**	极性电容、贴片
	Cap Semi	**CC3216-1206**	半导体电容
	Cap Semi	**CC1005-0402**	半导体电容
	Cap Semi	**CC1310-0504**	半导体电容
	Cap Semi	**CC1608-0603**	半导体电容
	Cap Semi	**CC3225-1210**	半导体电容
	Cap Var	**CC3225-1210**	可调电容
电压变换器	Volt Reg	SIP-G3/Y2	

（续 2）

电阻器	Res1	A×IAL-0.3	波浪线
	Res2	A×IAL-0.4	矩形
	Res3	**C1608-0603**	
	Res3	**CR3225-1210**	
	Res3	**CR5025-2010**	
	Res3	**CR6332-2512**	
	RES Adj1	A×IAL-0.7	可调电阻、波浪线
	RES Adj2	A×IAL-0.6	可调电阻、矩形
	RES Bridge	SFM-T4/A4.1V	电桥
	RES Pack1	**SO-G16**	八单元内封装集成电阻之一、波浪线
	RES Pack2	DIP-16	八单元内封装集成电阻之一、矩形
	RES Pack3	**SO-G16/Z8.5**	完整八单元内封装集成电阻、矩形
	RES Pack4	**SSO-G16/×.6**	完整八单元内封装集成电阻、矩形
	RES Semi	A×IAL-0.5	半导体电阻
	RES Semi	**CR1005-0402**	半导体电阻
	RES Semi	**CR1608-0603**	半导体电阻
	RES Semi	**CR2012-0805**	半导体电阻
	RES Semi	**CR3216-1206**	半导体电阻
	RES Tap	**VR3**	抽头式电阻
	RES Thermal	**R2012-0805**	热敏电阻
	RES Varistor	**R2012-0805**	压敏电阻
	Rpot	**VR5**	可调电位器
	Rpot SM	**POT4MM-2**	可调电位器
断路器	Circuit Breaker	SPST-2	
二极管	Diode	**DSO-C2/×3.3**	
	D Schottky	**DSO-C2/×3.4**	肖特基二极管
	D Varactor	**SO-G3/Z3.3**	可变电容二极管
	D Zener	DIODE-0.7	齐纳二极管
	D Tunel1	**DSO-F2/D6.1**	隧道二极管
	D Tunel2	DIODE-0.4	隧道二极管

（续 3）

	Diode 10TQ035、10TQ040	SFM-T2（3）/×1.7V	肖特基整流二极管
	Diode 10TQ045、18TQ045	SFM-T2（3）/×1.7V	肖特基整流二极管
	Diode 11DQ03	DIO10.46-5.3×2.8	肖特基整流二极管
	Diode 1N4001～1N407	DIO10.46-5.3×2.8	1A 通用整流二极管
	Diode 1N5400～1N5406	DIO18.84-9.6×5.6	3A 通用整流二极管
	Photo Sen	PIN2	光敏二极管
发光二极管	LED0	LED-0	红外
	LED1	LED-1	红
	LED2	**DSO-F2/D6.1**	红、绿、黄等
	LED3	**SMD_LED**	蓝
蜂鸣器	Buzzer	**ABSM-1574**	
光电耦合器	Optoisolator1	DIP-4	光电隔离开关（发光二极管+光敏二极管型）
	Optoisolator2	**SO-G5/P.95**	光电隔离开关（发光二极管+光敏三极管型）
继电器	Relay	DIP-P5/×1.65	单刀双掷
	Relay-DPDT	DIP-P8/E10	双刀双掷
	Relay-DPST	DIP-P6/D33	双刀单掷
	Relay-SPDT	DIP-P5/×1.65	单刀双掷
	Relay-SPST	DIP-P4	单刀单掷
晶振	×TAL	BCY-W2/D3.1	
开关	SW DIP-2	DIP-4	双列直插
	SW DIP-4	SO-G8	
	SW DIP-5	DIP-10/D14.5	双列直插
	SW DIP-6	DIP-12/SW	双列直插
	SW DIP-8	**DIP_SW_8WAY_SMD**	
	SW-12WAY	DIP-13（14）	12 路旋钮转换
	SW-6WAY	SW-7	6 路旋钮转换
	SW-DIP8	DIP-16-KEY	双列直插，8 路
	SW-DPDT	**SO-G6/P.95**	双刀双掷
	SW-DPDT	DPDT-6	双刀双掷
	SW-DPST	DPST-4	双刀单掷
	SW-PB	SPST-2	按钮，单刀单掷

（续 4）

	SW-SPST	SPST-2	按钮，单刀单掷
	SW-SPDT	TL36WW15050	单刀双掷
可控硅	Triac	SFM-T3/A2.4V	三端双向可控硅
	SCR	SFM-T3/E10.7V	可控硅整流器
	Opto TRIAC	SIP-P4/A7.5	光电隔离开关（发光二极管+三端可控硅）
连接器件	CON EISAE	CARD1.27-2V188	EISA，188
	Connector 20	CHAMP1.27-2H20	插头
	Connector 40	050DSUB0.762-4H40	插座
	D Connector 9	DSUB1.385-2H9	D 型 9 芯
	D Connector 15	DSUB1.385-2H15	D 型 15 芯
	Header n	HDR1×n	单列插座
	Header nH	HDR1×nH	单列插针
	Header 2×n	HDR2×n	双列插座
	Header 2×2H	HDR2×nH	双列插针
	MHDR1×n	MHDR1×n	单列
	MHDR2×n	MHDR2×n	双列
	PS2-6PIN	PS2-6PIN	PS2 插孔
	PWR2.5	KLD-0202	低压电源插孔
	Plug AC Female	IEC7-2H3	交流电源母座
	Plug AC Male	IEC9.14-2H3	交流电压公座
	Phonejack Stereo SW	ST-3150-5N	立体声耳机
	Phonejack2	JACK/6-V2	6.5mm，2 条接线
	Phonejack3	JACK/6-V3	6.5mm，3 条接线
	RCA	RCA/4.5-H2	高频线插接器
	SMB	SMB_V-RJ45	射频同轴连接器
麦克风	Mic1	PIN2	
	Mic2	PIN2	
全桥	Bridge1	E-BIP-P4/D10	二极管整流
	Bridge2	E-BIP-P4/×2.1	内封二极管

（续 5）

熔断器	Fuse1	PIN-W2/E2.8	
	Fuse2	PIN-W2/E2.8	
	Fuse Thermal	PIN-W2/E2.8	
三极管	2N3904	BCY-W3/E4	NPN
	2N3906	BCY-W3/E4	PNP
	NPN	BCY-W3	
	QNPN	**SO-G3/C2.5**	
	QPNP	**SO-G3/C2.5**	
	Photo NPN	SFM-T2（3）/×1.6V	光敏三极管
	Photo PNP	SFM-T2（3）/×1.6V	光敏三极管
数码管	Dpy 16-Seg	LEDDIP-18ANUM	16 段，双字
	Dpy ****-CA（C）	LEDDIP-10/C5.08RHD	7.62 mm
	Dpy ****-CA（C）	LEDDIP-10/C15.24RHD	14.2 mm
	Dpy Overflow	LEDDIP-12（14）/7.62OVF	+ 1
锁相环	PLL	**SSO-G8/P6.5**	
跳线	Jumper	RAD-0.2	
同轴电缆	BNC	BNC_RA CON	高频线插接器
扬声器	Speaker	PIN2	
运放	Op Amp	CAN-8/D9.4	

附录 D　Protel DXP 2004 SP2 常用元器件封装符号图样

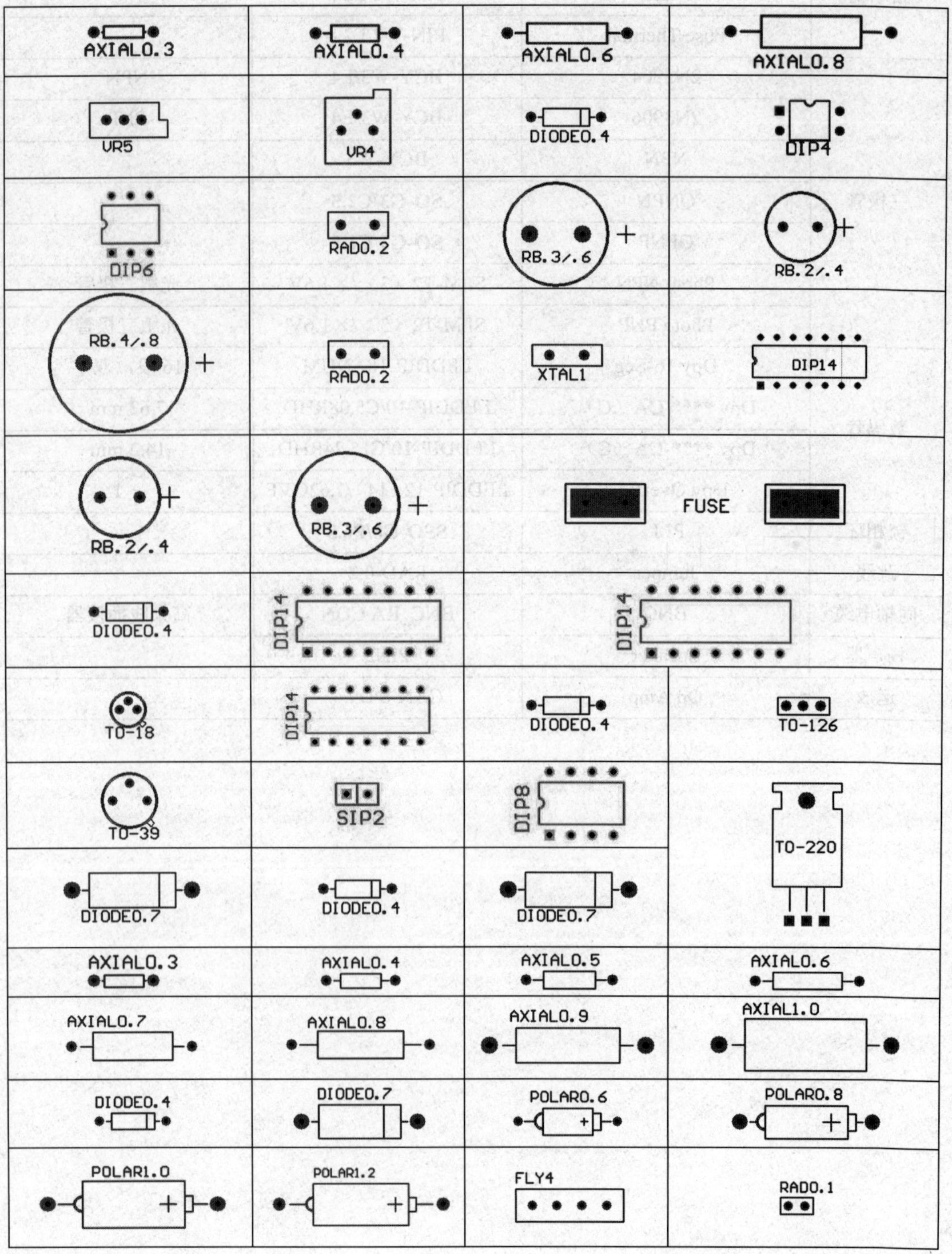

（续 1）

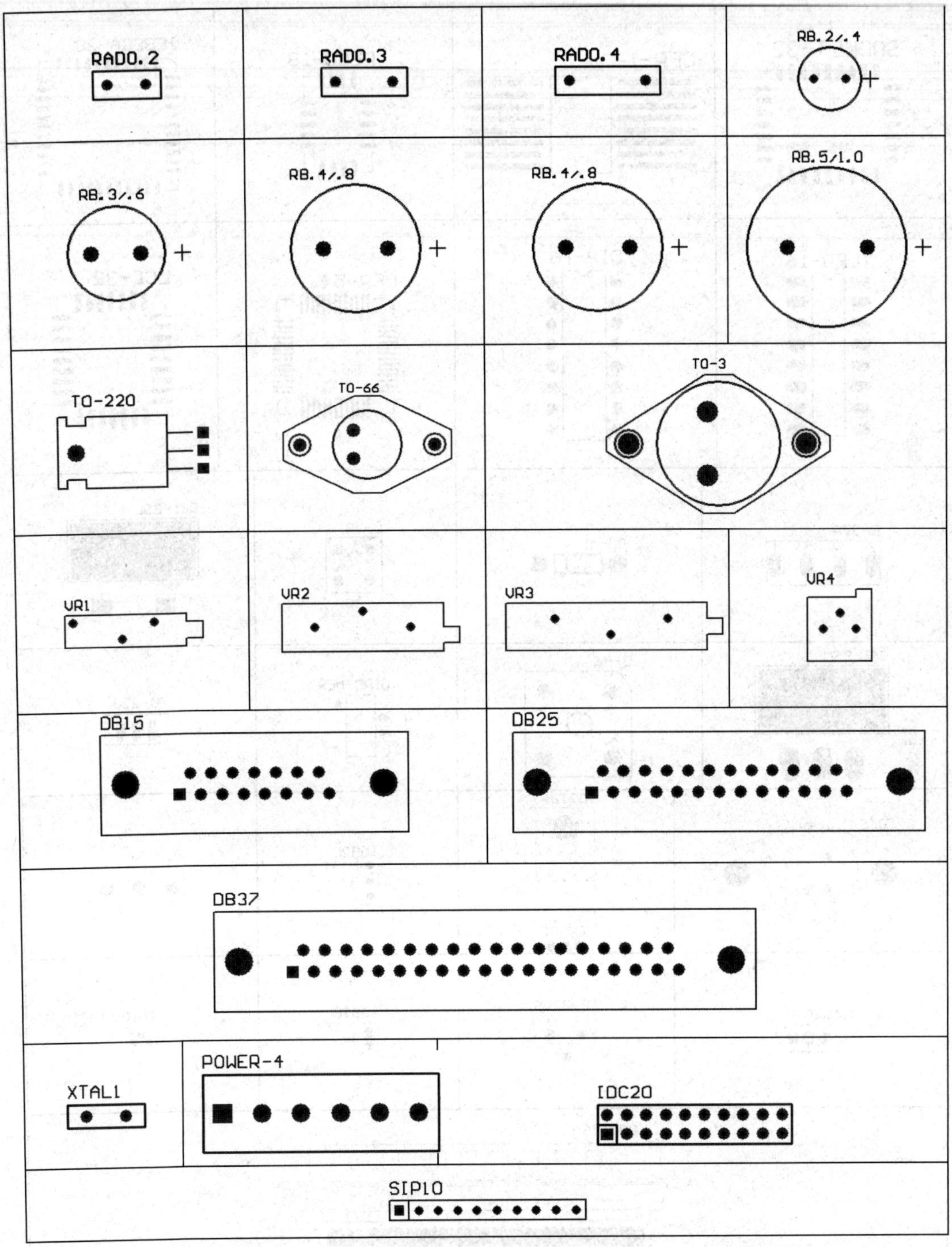
RAD0.2
RAD0.3
RAD0.4
RB.2/.4
RB.3/.6
RB.4/.8
RB.4/.8
RB.5/1.0
TO-220
TO-66
TO-3
VR1
VR2
VR3
VR4
DB15
DB25
DB37
XTAL1
POWER-4
IDC20
SIP10

（续 2）

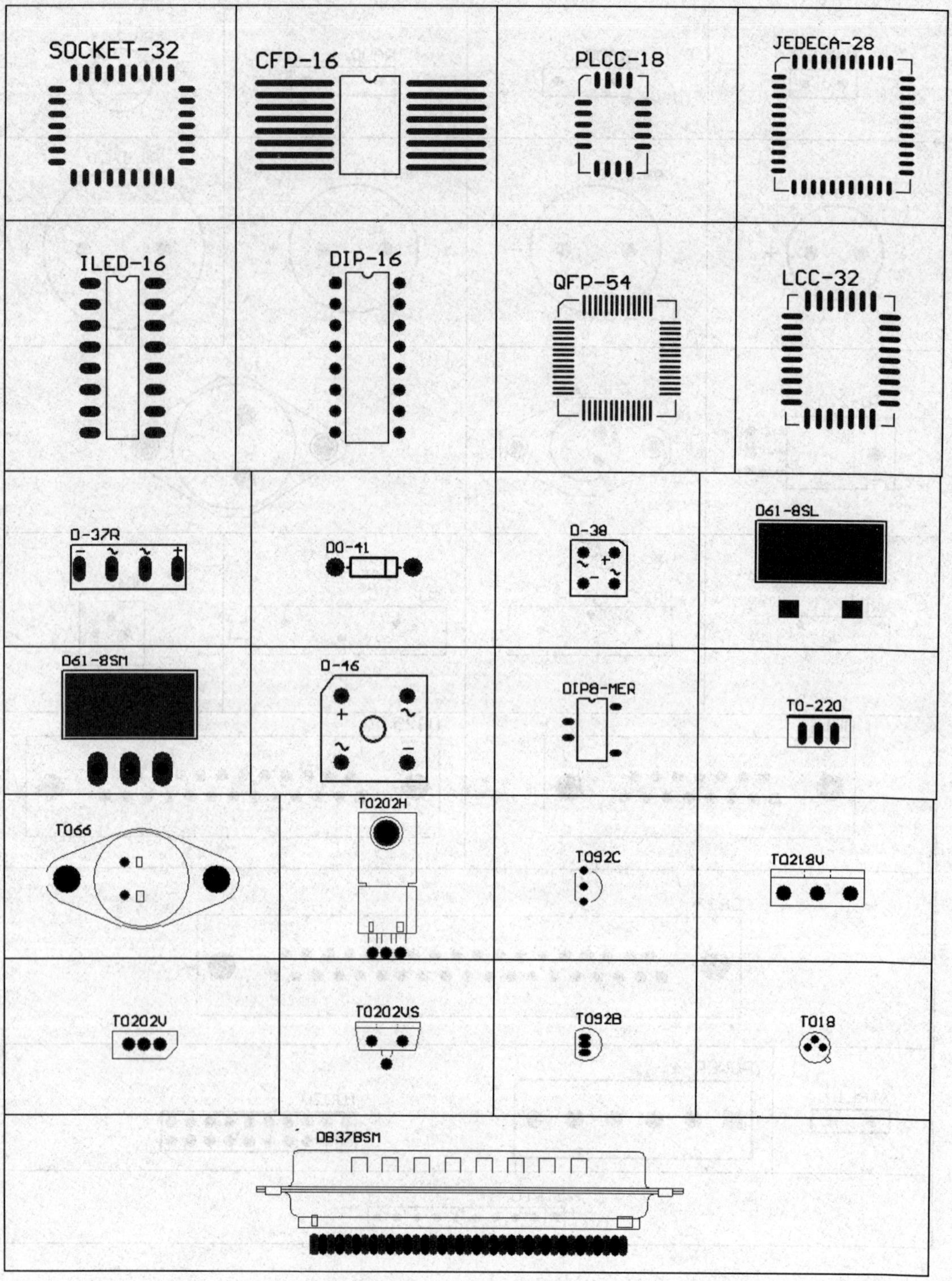
SOCKET-32
CFP-16
PLCC-18
JEDECA-28
ILED-16
DIP-16
QFP-54
LCC-32
D-37R
DO-41
D-38
D61-8SL
D61-8SM
D-46
DIP8-MER
TO-220
TO66
TO202H
TO92C
TO218V
TO202V
TO202VS
TO92B
TO18
DB37RSM

（续3）

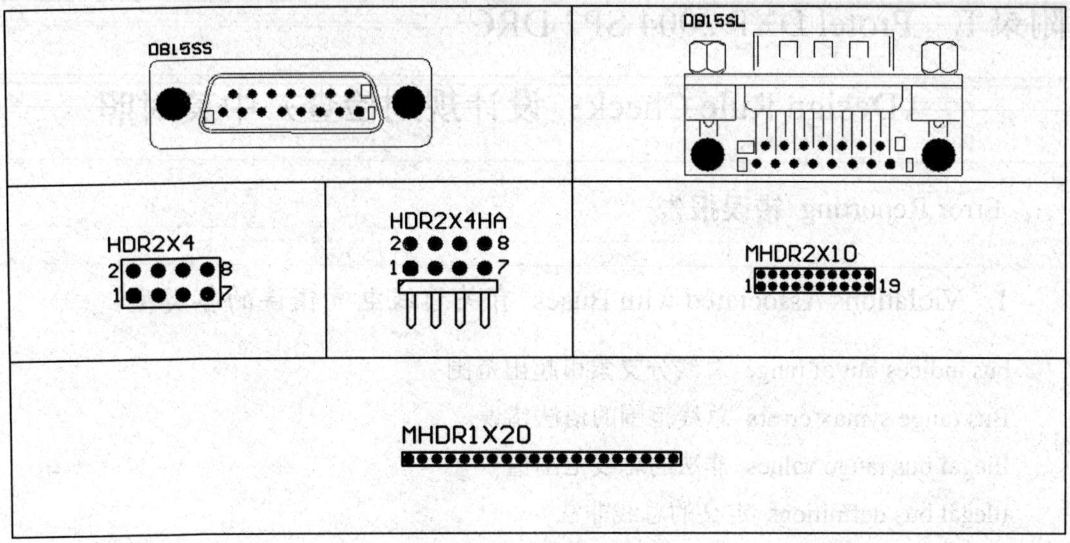
DB15SS
DB15SL
HDR2X4
2 8
1 7
HDR2X4HA
2 8
1 7
MHDR2X10
1 19
MHDR1X20

附录 E　Protel DXP 2004 SP2 DRC（Design Rule Check：设计规则检查）中英对照

一、Error Reporting 错误报告

1. Violations Associated with Buses 有关总线电气错误的各类型

bus indices out of range 总线分支索引超出范围

Bus range syntax errors 总线范围的语法错误

Illegal bus range values 非法的总线范围值

Illegal bus definitions 定义的总线非法

Mismatched bus label ordering 总线分支网络标号错误排序

Mismatched bus/wire object on wire/bus 总线/导线错误的连接导线/总线

Mismatched bus widths 总线宽度错误

Mismatched bus section index ordering 总线范围值表达错误

Mismatched electrical types on bus 总线上错误的电气类型

Mismatched generics on bus （first index） 总线范围值的首位错误

Mismatched generics on bus （second index） 总线范围值末位错误

Mixed generics and numeric bus labeling 总线命名规则错误

2. Violations Associated Components 有关元件符号电气错误

Component Implementations with duplicate pins usage 元件管脚在原理图中重复被使用

Component Implementations with invalid pin mappings 元件管脚在应用中和 PCB 封装中的焊盘不符

Component Implementations with missing pins in sequence 元件管脚的序号出现序号丢失

Component contaning duplicate sub-parts 元件中出现了重复的子部分

Component with duplicate Implementations 元件被重复使用

Component with duplicate pins 元件中有重复的管脚

Duplicate component models 一个元件被定义多种重复模型

Duplicate part designators 元件中出现标示号重复的部分

Errors in component model parameters 元件模型中出现错误的的参数

Extra pin found in component display mode 多余的管脚在元件上显示

Mismatched hidden pin component 元件隐藏管脚的连接不匹配

Mismatched pin visibility 管脚的可视性不匹配

Missing component model parameters 元件模型参数丢失

Missing component models 元件模型丢失

Missing component models in model files 元件模型不能在模型文件中找到

Missing pin found in component display mode 不见的管脚在元件上显示

Models found in different model locations 元件模型在未知的路径中找到

Sheet symbol with duplicate entries 方框电路图中出现重复的端口

Un-designated parts requiring annotation 未标记的部分需要自动标号

Unused sub-part in component 元件中某个部分未使用

3. violations associated with document 相关的文档电气错误

conflicting constraints 约束不一致的

duplicate sheet symbol name 层次原理图中使用了重复的方框电路图

duplicate sheet numbers 重复的原理图图纸序号

missing child sheet for sheet symbol 方框图没有对应的子电路图

missing configuration target 缺少配置对象

missing sub-project sheet for component 元件丢失子项目

multiple configuration targets 无效的配置对象

multiple top-level document 无效的顶层文件

port not linked to parent sheet symbol 子原理图中的端口没有对应到总原理图上的端口

sheet enter not linked to child sheet 方框电路图上的端口在对应子原理图中没有对应端口

4. violations associated with nets 有关网络电气错误

adding hidden net to sheet 原理图中出现隐藏网络

adding items from hidden net to net 在隐藏网络中添加对象到已有网络中

auto-assigned ports to device pins 自动分配端口到设备引脚

duplicate nets 原理图中出现重名的网络
floating net labels 原理图中有悬空的网络标签
global power-objects scope changes 全局的电源符号错误
net parameters with no name 网络属性中缺少名称
net parameters with no value 网络属性中缺少赋值
nets containing floating input pins 网络包括悬空的输入引脚
nets with multiple names 同一个网络被附加多个网络名
nets with no driving source 网络中没有驱动
nets with only one pin 网络只连接一个引脚
nets with possible connection problems 网络可能有连接上的错误
signals with multiple drivers 重复的驱动信号
sheets containing duplicate ports 原理图中包含重复的端口
signals with load 信号无负载
signals with drivers 信号无驱动
unconnected objects in net 网络中的元件出现未连接对象
unconnected wires 原理图中有没连接的导线

5. Violations associated with others 有关原理图的各种类型的错误

No Error 无错误
Object not completely within sheet boundaries 原理图中的对象超出了图纸边框
Off-grid object 原理图中的对象不在格点位置
F：Violations associated with parameters 有关参数错误的各种类型
same parameter containing different types 相同的参数出现在不同的模型中
same parameter containing different values 相同的参数出现了不同的取值

二、Comparator 规则比较

1. Differences associated with components 原理图和 PCB 上有关的不同

Changed channel class name 通道类名称变化
Changed component class name 元件类名称变化
Changed net class name 网络类名称变化
Changed room definitions 区域定义的变化

Changed Rule 设计规则的变化
Channel classes with extra members 通道类出现了多余的成员
Component classes with extra members 元件类出现了多余的成员
Difference component 元件出现不同的描述
Different designators 元件标示的改变
Different library references 出现不同的元件参考库
Different types 出现不同的标准
Different footprints 元件封装的改变
Extra channel classes 多余的通道类
Extra component classes 多余的元件类
Extra component 多余的元件
Extra room definitions 多余的区域定义

2. Differences associated with nets 原理图和 PCB 上有关网络不同

Changed net name 网络名称出现改变
Extra net classes 出现多余的网络类
Extra nets 出现多余的网络
Extra pins in nets 网络中出现多余的管脚
Extra rules 网络中出现多余的设计规则
Net class with Extra members 网络中出现多余的成员

3. Differences associated with parameters 原理图和 PCB 上有关参数不同

Changed parameter types 改变参数类型
Changed parameter value 改变参数的取值
Object with extra parameter 对象出现多余的参数

三、原理图常见错误

1. ERC 报告管脚没有接入信号

ERC report no access to signal pins
（1）创建封装时给管脚定义了 I/O 属性。
creation package to the pin at the definition of I/O attribute

（2）创建元件或放置元件时修改了不一致的 grid 属性，管脚与线没有连上。

create components or modify components placed inconsistent grid attributes， and the lines do not pin connection;

（3）创建元件时 pin 方向反向，必须非 pin name 端连线。

create components reverse direction when the pin， non-name-pin connections.

2. 元件跑到图纸界外：没有在元件库图表纸中心创建元件

components went to the drawings profession : no paper charts component library center components.

3. 创建的工程文件网络表只能部分调入 pcb：生成 netlist 时没有选择为 global

the creation of the document network table works only partially transferred PCB : netlist generation did not choose to global.

4. 当使用自己创建的多部分组成的元件时，千万不要使用

When the use of their own creation， multi-component element， we must use annotate.

参考文献

[1] 葛中海，九新芳．Protel Dxp 2004 简明教程与考证指南 [M]．北京：电子工业出版社，2010．

[2] 王正勇．Protel DXP 实用教程[M]．北京：高等教育出版社，2012．

[3] 杜刚．电路板设计与制作[M]．北京：清华大学出版社，2010．

[4] 杨旭方．Protel DXP 2004 SP2 实训教程[M]．北京：电子工业出版社，2010．

[5] 及力. Protel DXP 2004 SP2 实用设计教程[M]. 3 版. 北京：电子工业出版社，2016.

[6] 李与核．Protel DXP 2004 SP2 实用教程[M]．北京：清华大学出版社，2012．

[7] 陈兆梅．Protel DXP 2004 SP2 印制电路板设计实用教程[M]．3 版．北京：机械工业出版社，2016．